U0353402

智能电网技术丛书

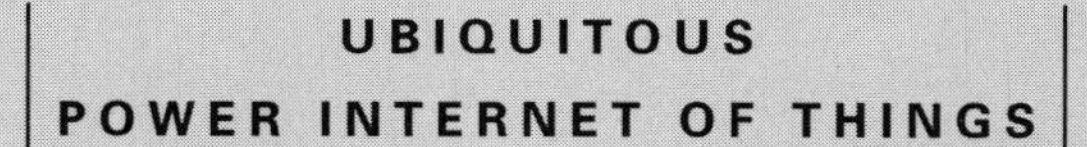

泛在电力物联网

何惠清　韩　坚　罗　若　编著

镇　江

图书在版编目(CIP)数据

泛在电力物联网 / 何惠清，韩坚，罗若编著. — 镇江 ：江苏大学出版社，2019.11
ISBN 978-7-5684-1210-0

Ⅰ. ①泛… Ⅱ. ①何… ②韩… ③罗… Ⅲ. ①互联网络－应用－电力工程－研究②智能技术－应用－电力工程－研究 Ⅳ. ①TM7－39

中国版本图书馆 CIP 数据核字(2019)第 214525 号

泛在电力物联网
Fanzai Dianli Wulianwang

编　　著/何惠清　韩　坚　罗　若
责任编辑/吴蒙蒙
出版发行/江苏大学出版社
地　　址/江苏省镇江市梦溪园巷 30 号(邮编：212003)
电　　话/0511-84446464(传真)
网　　址/http://press.ujs.edu.cn
排　　版/镇江市江东印刷有限责任公司
印　　刷/镇江文苑制版印刷有限责任公司
开　　本/718 mm×1 000 mm　1/16
印　　张/10.75
字　　数/220 千字
版　　次/2019 年 11 月第 1 版　2019 年 11 月第 1 次印刷
书　　号/ISBN 978-7-5684-1210-0
定　　价/49.80 元

前　言

随着信息时代的到来,以计算机技术和网络技术为代表的信息技术已经对人类社会的政治、经济、文化等产生了深远影响。以计算机技术为核心的第一次信息产业浪潮已经推动了信息处理的智能化,实现了人机之间的对话;以互联网技术为核心的第二次信息产业浪潮推动信息技术进入网络化时代,互联网技术的广泛应用满足了人与人之间的快速交流;随着通信、控制、感知等技术的迅猛发展,信息技术向物理世界的扩展和延伸,被称为继计算机、互联网之后信息产业的第三次浪潮的物联网由此诞生。

物联网是在人与物、物与物之间交流信息的泛在网络,其融合了智能感知技术、自动识别技术、通信技术和泛在网络的思想,带来了技术、生产和生活方式的进步与变革。而电力行业对物联网的理解是:物联网是一个实现电网基础设施、人员及所在环境识别、感知、互联与控制的网络系统。其实质是实现各种信息传感设备与通信信息资源(互联网、电信网及电力通信专网)的结合,从而形成具有自我标识、感知和智能处理功能的物理实体。实体之间的协同和互动,使得有关物体相互感知和反馈控制,形成一个更加智能的电力生产、运作体系,从而衍生出泛在智能电网—基于通信技术的全业务泛在电力物联网—泛在电力物联网的概念。

作为物联网的核心应用,智能电网已经渗透到人们日常生活中,并且为人们带来了诸多便利,但是随着电网的形态、社会经济形态发生变化,普通的智能电网已经不足以满足现代人们生活的需要。泛在电力物联网的提出,就是为了解决上述问题。泛在电力物联网是泛在物联网在电力行业的具体体现和应用落地，是电力行业相关的任何时间、任何地点、任何人、任何物之间的信息连接和交互。而作为泛在电力物联网的开拓者——电动汽车智慧车联网，将成为泛在电力物联网建设中的关键拼图。

本书共分 8 章。第 1 章介绍物联网的相关概念与知识，主要包括物联网的定义、发展、国内外标准化概况，物联网的层次结构（感知层、网络层、应用层）及其对应的关键技术，物联网的典型应用（智能城市、智能家居、智能交通、智能物流），并由此引出与泛在电力物联网密切相关的应用——智能电网；第 2 章对智能电网的概念、发展及智能电网中所运用到的物联网技术进行了详细介绍，着重介绍了中国特色智能电网——坚强智能电网的相关概念及其成功的应用案例（特高压交直流示范工程、上海世博园智能电网综合示范工程、电力用户用电信息采集系统工程）；第 3 ~ 5 章对国家电网公司新提出来的“泛在电力物联网”进行了深入解读，其中包括：泛在电力物联网的概念、泛在电力物联网的层次结构及关键技术、泛在电力物联网的作用与特征、泛在电力物联网的体系架构（商业模式架构、产业生态架构），尤其是对电网中的大数据技术进行了阐述，并且探讨了泛在电力物联网的智能化发展概况；第 6、7 两章对于如何建设泛在电力物联网进行了剖析，对电动汽车智慧车联网的相关概念及关键技术进行了详细阐述；第 8 章例举了电力生产运行各个环节中的泛在电力物联网具体应用案例，并对泛在电力物联网的未来进行了展望。

本书是一本紧贴国家电网发展方向的基础读物，对读者了解和研究泛在电力物联网前沿课题有所裨益。限于专业水平，书中难免会出现不妥之处，敬请读者批评指正！

编　者

2019 年 8 月

目　　录

第1章　物联网概述

泛在电力物联网，究其本质仍然是一种物联网络，是物联网在电力行业的具体体现和应用。在我们弄清楚什么是泛在电力物联网之前，有必要从它的根本出发，那就是——物联网。

物联网（Internet of Things，IoT）是新一代信息技术的重要组成部分，也是信息化时代的重要产物。它是利用局部网络或互联网等通信技术把传感器、控制设备等能够被独立寻址的相关物理对象联在一起，形成人与物、物与物互联互通，实现信息化、远程管理控制和智能化的网络。物联网是互联网的延伸，包括互联网及互联网上所有的资源，兼容互联网所有的应用。

本章详细介绍了物联网的定义、特点，物联网的发展及标准化概况，物联网的相关概念、关键技术及典型应用。

1.1　物联网的定义和特点

1.1.1　物联网的定义

2005年，国际电信联盟（ITU）发布报告，正式提出物联网这一概念，对物联网做了如下定义：通过二维码识读设备、射频识别（RFID）装置、红外感应器、全球定位系统和激光扫描器等信息传感设备，按约定的协议，把物品与互联网相连接，进行信息交换和通信，以实现智能化识别、定位、跟踪、监控和管理的一种网络。

根据国际电信联盟的定义，物联网主要解决物品与物品（Thing to Thing，T2T），人与物品（Human to Thing，H2T），人与人（Human to Human，H2H）之间的互联，方便识别、管理和控制。

1.1.2　物联网的特点

物联网是一个基于互联网、传统电信网等信息承载体，让所有能够被独立寻址的普通物理对象实现互联互通的网络。总的来说，物联网具有以下几个特点。

1. 物联网是物物相连的

比如苹果的 Apple watch 可以采集人体的健康数据、运动数据等，并将这些数据上传到 iPhone、iPad 上面，这个场景有别于人类上网，它是物品和物品之间的联网，这就是物联网的第一个特点。

2. 物联网实现物物之间的信息交换和通信

物联网将不同物品连接起来之后，它总要做点什么，不然连接起来有什么用呢？因为信息交换和通信是所有网络最根本的需求，而物联网在本质上也是一种网络，所以物联网也具有信息交换和通信的特点，不过，这些信息交换和通信是在物和物之间进行的。还是拿 Apple watch 来说，它和 iPhone 或 iPad 连接之后，就会将数据上传过去，同时也会从后者采集一些数据，这就是物联网的信息交换和通信的场景。

3. 物联网具有行业属性

物联网是具有行业属性的，离开其行业概念，物联网就是一个伪命题，只有在一个行业里面，物联网的方案和应用才具通用性。

例如，无锡市的物联网示范工程涉及的行业包括农业、交通、环保、电力、物流、水利、安保、家居、教育、医疗等；青岛市的物联网应用示范工程涉及的行业包括交通、家居、食品、城市管理、物流、农业、制造等；上海市的物联网应用示范工程涉及的行业包括环保、安防、交通、物流、电网、医疗、农业等。

随着物联网技术的发展，各个行业的融合也是一个大趋势，只要是社会上存在的行业，就会有物联网的存在。

4. 物联网的物物相连是众多物联网终端设备之间的相连

第一，物联网的物物相连是终端设备之间的相连。网络存在的意义就是要让数据进行交流，数据来自于终端设备，常见的手环、智能手表、智能手机，甚至道路上的摄像机，都是终端设备。

第二，物联网的终端设备不是少数几个，而是很多个，是众多。就像社交网络一样，加入其中的用户越多，其价值就越大，这也适用于物联网。当物联网采集到的数据很少时，因为可能不具备代表性，所以价值不大；而当采集到的数据很多，达到海量时，其价值就体现出来了，因为我们可以对这些数据进行分析而发现某些规律，进而针对特定行业制定解决方案，提升行业效率。

1.2 物联网的发展现状

1.2.1 国内发展现状

目前，我国正处在经济发展新的历史阶段，中国的工业化之路面临着新的选择。要成为经济强国，我国必须大力发展新的产业，物联网被列为新兴战略性重点发展产业。

2009 年以后，我国开始了对物联网技术的集中研究。2010 年，物联网被写入政府工作报告，物联网发展提升到国家发展战略高度。“十二五”时期，我国在物联网发展政策环境、技术研发、标准研制、产业培育及行业应用方面取得了显著成绩，物联网应用推广进入实质阶段，示范效应明显。“十三五”规划纲要明确提出“发展物联网开环应用”，将致力于加强通用协议和标准的研究，推动物联网不同行业不同领域应用间的互联互通、资源共享和应用协同。近年来，在“中国制造 2025”“互联网 +”等战略带动下，物联网产业呈现出蓬勃生机。具体可以从物联网的生态体系、市场规模、应用领域、标准体系、创新成果、产业发展 6 个角度来了解我国物联网的发展现状。

1. 生态体系逐步完善

随着技术、标准、网络的不断成熟，物联网产业正在进入快速发展阶段，2017 年产业规模已突破 11500 亿元，复合增长率达到 23.7%，形成了完整的产业链条，涌现出诸多优秀的芯片、终端、设备生产商，以及解决方案提供商。

从我国物联网产业链中各层级发展成熟度来看：① 设备层当前已进入成熟期。M2M 服务、中高频 RFID、二维码等产业环节具有一定优势，但基础芯片设计、高端传感器制造及智能信息处理等高端产品仍依赖进口。目前，我国从事传感器的研制、生产和应用的企业有 2000 多家，市场销售额突破 1000 亿，但小型企业占比超过七成，产品以低端为主。高端产品进口占比较大，其中传感器约 60%，传感器芯片约 80%，MEMS 芯片基本 100% 进口。② 连接层（包括通信芯片模块及网络传输）在国内发展较为成熟，竞争度较为集中。一些企业如华为海思、中兴物联等开发的面向物联网的通信模块，在国际市场竞争力突出。③ 平台层分为网络运营和平台运营。网络运营主要是三大电信运营商，平台运营相对于国外 IBM、PTC、Jasper 等巨头，我国仍处于起步阶段，还尚未出现平台层巨头。④ 应用层当前处于成长期。随着上述基础设施的不断完善，物联网对工业、交通、安防等各行业应用渗透不断提高，应用市场将成为物联网最大细分市场。其中智能制造、车联网、消费智能终端市场等已形成一定的市场规模，均处于成长期。

2. 市场规模迅速增长

我国物联网产业规模从 2009 年 1700 亿元跃升至 2017 年 11500 亿元，年复合增长率达到 23.7%。未来几年，我国物联网市场仍将保持高速增长态势。预计到 2022 年，中国物联网整体市场规模在 3.1 万亿元，年复合增长率在 22% 左右，并将在智能穿戴设备、无人机等领域出现龙头企业。

2016 年底，移动物联网连接数为 1. 4 亿，其中 M2M 应用终端数量超过 1 亿，占全球总量的 31% 。预计到 2020 年，M2M 连接数有望达到 3. 36 亿，年复合增长率约为 29% ，而 LPWAN 技术将另外提供 7. 3 亿连接，使得全市场连接总数达到 10 亿。

我国物联网近年来产业规模如图 1-1 所示。

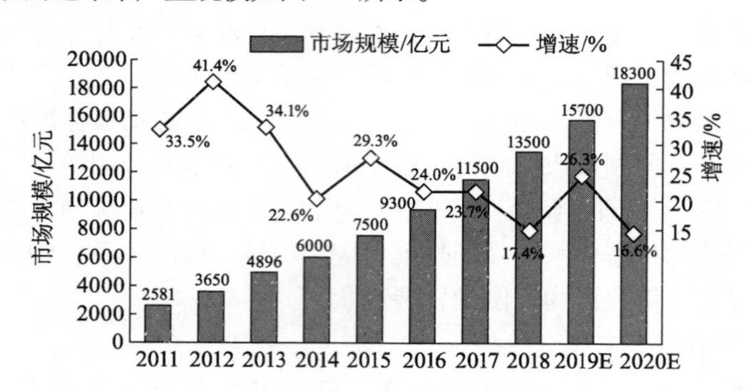

注：E 表示该年的数据为预测数据

图 1-1　中国物联网产业规模

（数据来源：中国产业发展研究网，东方财富证券研究所）

3. 行业应用领域加速突进

现阶段，国家物联网正广泛应用于电力、交通、环保、物流、制造、医疗、水利、安防等领域，并形成了包含芯片和元器件、设备、软件、系统集成、电信运营、物联网服务在内的较为完善的产业链体系，为诸多行业实现精细化管理提供了有力的支撑，大大提升了管理能力和水平，改变了行业运行模式。在这些领域，涌现出一批较强实力物联网领军企业，初步建成一批共性技术研发、检验检测、投融资、标识解析、成果转化、人才培训、信息服务等公共服务平台。

4. 标准体系局部取得突破

近年来，我国在物联网国际标准化中的影响力不断提升，国内越来越多企业开始积极参与国际标准的制定工作，我国已经成为 ITU 相应物联网工作组的主导国之一，并牵头制定了首个国际物联网总体标准——《物联网概览》。我国相关企业和单位一直深入参与 3GPPMTC 相关标准的制定工作。标准体系方面，制定了物联网综合标准化体系指南，梳理标准项目共计 900 余项，物联网参考架构、智能制造、电子健康指标评估、物联网语义和大数据等多个我国主导的国际物联网分布。国内标准研制方面，我国对传感器网络、传感器网络与通信网融合、RFID、M2M、物联网体系架构等共性标准的研制不断深化。

5. 创新成果不断涌现

目前，国内在物联网领域已经建成一批重点实验室，汇聚整合多行业、多领域的创新资源，基本覆盖了物联网技术创新各环节，物联网专利申请数量逐年增加，2016 年达到 7872 件。2017 年，工信部确定正式组建组网方案及推广计划，国内三大基础电信企业均已启动窄带物联网（NB－IoT）网络建设，将逐步实现全国范围广泛覆盖，NB－IoT 发展在国际话语中的主导权不断提高。目前，一批省市自治区已经开始了商用网络。江西鹰潭、福建福州等很多地方政府都支持 NB－IoT 发展，正在推进数十万台基于 NB－IoT 的智能水表部署；西藏正在尝试将 NB－IoT 网络引入牦牛市场。

6. 产业集群优势突显

目前，我国物联网产业的发展逐渐呈现集群性、区域性的分布特征，已初步形成环渤海、长三角、泛珠三角及中西部地区四大区域集聚发展的空间格局，并建立起无锡、重庆、杭州、福州四个国家级物联网产业发展示范基地和多个物联网产业基地，围绕北京、上海、无锡、杭州、广州、深圳、武汉、重庆八大城市建立产业联盟和研发中心。以无锡示范区为例，2017 年无锡物联网企业超过 2000 家，物联网产业营业收入约 2500 亿元，无锡企业累计牵头和参与制定的物联网国际、国家标准 52 项，承接的物联网工程遍及 30 个国家 400 多座城市，无锡已经成为全国首个物联网全域覆盖的地级市，成为中国乃至世界物联网发展最具活力的地区之一。各区域产业集聚各有特色，物联网应用发展各有侧重，产业领域和公共服务保持协调发展。其中，环渤海地区是中国物联网产业重要的研发、设计、设备制造及系统集成基地；中西部地区物联网产业发展迅速，各重点省市纷纷结合自身优势，布局物联网产业，抢占市场先机；长三角地区物联网产业发展主要定位于产业链高端环节，从物联网软硬件核心产品和技术两个关键环节入手，实施标准与专利战略，形成全国物联网产业核心，促进龙头企业的培育和集聚；泛珠三角地区是国内电子整机的重要生产基地，电子信息产业链各环节发展成熟。

1.2.2 国外发展现状

2013—2017 年，全球物联网市场规模由 398 亿美元增长至 798 亿美元，2018 年达到 1036 亿美元，整体规模呈现加速扩张趋势。预计到 2020 年，全球物联网设备数量将达到 260 亿个，年复合增长率达到 20%；全球物联网设备带来的数据将达到 44ZB，这一数据将是 2012 年的 22 倍，年复合增长率达 48%。

在政府层面，各国高度重视物联网新一轮发展带来的产业机遇。其中，美国以物联网应用为核心的“智慧地球”计划、欧盟的十四点行动计划、日本的“u－Japan 计划”、韩国的“IT839 战略”和“u－Korea”战略、新加坡的“下一代 I－Hub”计划等都将物联网作为当前发展的重要战略目标。资本市场同样看好物联网发展前景，对从事物联网相关公司的投资持续增加。2015 年以来，工业相关投资增长迅速，成为最热门的物联网投资领域。

在产业层面，产业巨头纷纷制定其物联网发展战略，意图争夺物联网未来发展的战略导向。2015 年 10 月，微软公司正式发布物联网套件 Azure IoT Suite，协助企业简化物联网在云端应用部署及管理；2016 年 3 月，思科公司以 14 亿美元并购物联网平台提供商 Jasper，并成立物联网事业部；2016 年 7 月，软银公司以 322 亿美金收购 ARM，明确表示看好 ARM 在物联网时代的发展前景；2016 年 12 月，谷歌对外公布物联网操作系统 Android Things 的开发者预览版本，并更新其“Weave”协议。除此之外，亚马逊、苹果、Intel、高通、SAP、IBM、阿里巴巴、腾讯、百度、GE、AT&T 等全球知名企业均从不同环节布局物联网，产业大规模发展的条件正快速形成，物联网产业生态发展正处在关键时期。预计 2020 年，全球物联网设备使用数将高达 260 亿。

随着世界经济下行压力的增大和新技术变革的出现，各国积极应对新一轮科技革命和产业变革带来的挑战，美国“先进制造业伙伴计划”、德国“工业 4.0”等一系列国家战略的提出和实施，其根本出发点在于抢占新一轮国际制造业竞争制高点。工业/制造业转型升级将推动在产品、设备、流程、服务中物联网感知技术的应用，以及网络连接的部署和基于物联网平台的业务分析和数据处理，加速推动物联网突破创新。

1.3 物联网的标准化

传感器、RFID（射频识别）、通信网络等是物联网必不可少的技术，目前已比较成熟，但如何形成一个统一的网络是个关键问题，这首先涉及“语言标准”的问题。比如，中国的杯子和美国的杯子都要“开口说话”，中国的杯子“说”的是中文，美国的杯子“说”的是英文，他们俩就没办法沟通；再比如，郑州生产的杯子“说”河南话，成都生产的杯子“说”四川话，他们俩也没办法沟通。所以，最好让他们都“说”一种语言。这些问题就需要标准来解决。物联网相关标准的制定由各有关组织完成。以下主要从国际物联网标准化组织、我国物联网标准化组织架构、我国物联网标准化现状三个方面来介绍物联网的标准化。

1.3.1 国际物联网标准化组织

国际上与物联网标准化有关的组织主要有 ISO（国际标准化组织）、IEC（国际电工委员会）、ITU（国际电信联盟）、OneM2M、IEEE（电气电子工程师协会)、ZigBee 联盟、IETF（互联网工程任务组)、3GPP、GS1 等。

1. ISO/IEC JTC1

ISO（国际标准化组织）和 IEC（国际电工委员会）于 1987 年联合成立 JTC1（第一联合技术委员会)，负责制定信息技术领域的国际标准。

在 JTC1 内开展物联网相关标准化工作的分技术委员和工作组有 SC6（系统间远程通信与信息交换)、SC17（卡和身份识别)、SC31（自动标识和数据采集技术)、WG7（传感器网络)。其中，SC6 和 WG7 开展网络通信标准化工作，SC17 和 SC31 开展 IC 卡和 RFID 标准化工作。目前，中、韩、美在 ISO/IEC JTC1 物联网标准化工作中较活跃，中方参与单位主要有中国电子技术标准化研究院、无锡物联网产业研究院、重庆邮电大学、东南大学等。2012 年，ISO/IEC JTC1 成立物联网特别工作组（SWG5 – IoT)，该工作组负责研究物联网范围、概念和市场前景等基本内容，以及开展相关标准化组织协调工作，不开展标准研制工作。

作为物联网重要组成部分的传感器网络 WG7 也是 JTC1 工作的重点，目前 JTC1/WG7 共开展 10 项传感器网络标准的研制工作，包括传感器网络参考体系结构、协同信息处理、智能电网接口和通用传感器网络接口等，其中 ISO/IEC 20005：2013 等 6 项国际标准已经正式发布。

2. ITU – T

ITU（国际电信联盟）是世界各国政府的电信主管部门之间协调电信事务方面的一个国际组织，成立于 1865 年 5 月 17 日，总部设在日内瓦，现有 191 个国家和 700 多个部门成员及部门准成员，由电信标准部门（ITU – T)、无线电通信部门（ITU – R）和电信发展部门（ITU – D）3 个机构组成。

ITU – T 是全球性 ICT 标准化组织，目前设有 10 个研究组，分别为 SG2（运营方面)、SG3（经济与政策问题)、SG5（环境与气候变化)、SG9（宽带有线与电视)、SG11（协议及测试规范)、SG12（性能、服务质量和体验质量)、SG13（未来网络)、SG15（传输、接入及家庭)、SG16（多媒体)、SG17（安全)。ITU – T 在物联网方面的标准化研究主要集中在总体框架、标识和应用 3 个方面，共涉及 4 个工作组：SG13、SG11、SG16、SG17。其中，SG11 牵头物联网及 M2M 信令和测试方面的工作，SG13 牵头物联网网络方面的工作，SG16 牵头物联网应用方面的工作，SG17 牵头物联网应用和业务安全方面的工作。

ITU – T 为更好推进物联网标准化工作，于 2011—2012 年期间成立 IoT – GSI 工作组和 FG M2M 工作组。

3. OneM2M

OneM2M 是在世界无线通讯解决方案联盟（ATIS)、中国通信标准化协会

（CCSA）、欧洲电信标准化协会（ETSI）、韩国电信技术协会（TTA）、日本电信技术委员会（TTC）、美国通信工业协会（TIA）、日本电波产业协会（ARIB）7家通信标准化组织积极推进下于2012年成立的一个全球性标准化组织，以确保高效地部署机器到机器（M2M）、通信系统标准化工作。其成员包括全球主要通信力量和少量垂直行业组织。OneM2M的基本目标是统一通信业界的M2M应用层标准，促进通信产业内部有效协同；长远目标是推动M2M全球标准与垂直行业应用融合，促进通信产业与垂直行业的有效协同。

OneM2M设有指导委员会（SC）与技术全会（TP）。SC或TP下设若干子委员会和工作组，以及秘书处。目前，技术全会下设了WG1（需求）、WG2（架构）、WG3（协议）、WG4（安全）、WG5（管理和语义）5个工作组，如图1-2所示。

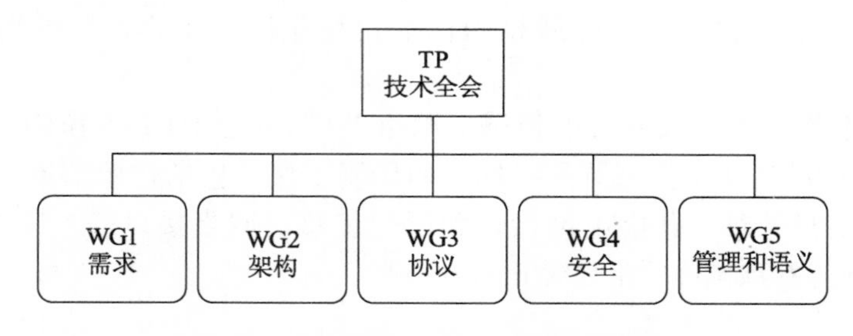

图1-2　OneM2M技术全会的组织构成

4. IEEE

IEEE（电气电子工程师协会）成立于1963年，其前身是AIEE（美国电气工程师协会）和IRE（无线电工程师协会），主要侧重电工技术在理论方面的发展和应用方面的进步。IEEE是一个非营利性科技学会，拥有全球近175个国家的36万多名会员，在太空、计算机、电信、生物医学、电力及消费性电子产品等领域权威性强。IEEE设有IEEE标准协会IEEE－SA（IEEE Standard Association），负责标准化工作。IEEE的标准制定内容包括电气与电子设备、试验方法、元器件、符号、定义、测试方法等多个领域。物联网领域主要集中在短距离无线、智能电网、智能交通、智能医疗、绿色节能等方面，涉及IEEE802.11、IEEE802.15、IEEE802.16、IEEE1609、IEEE1888、IEEE1377、IEEE P2030等标准工作组。相对来说，IEEE802标准委员会下的802.11和802.15系列标准国际影响力较大，部分标准已在全球得到应用，且目前有多个专门针对物联网应用需求的标准研究项目。IEEE涉及物联网标准化的组织架构如图1-3所示。

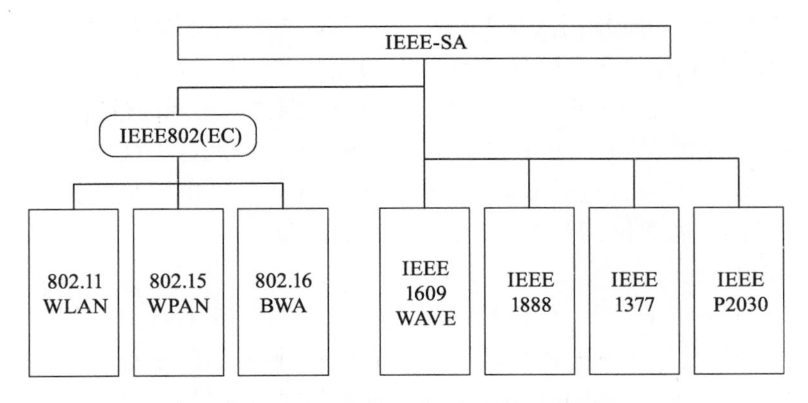

图 1-3　IEEE 物联网标准化组织框架

5. ZigBee 联盟

ZigBee 联盟成立于 2001 年 8 月，由英国 Invensys 公司、日本三菱电气公司、美国摩托罗拉公司及荷兰飞利浦半导体公司组成。如今已经吸引上百家芯片公司、无线设备公司和开发商加入。IEEE802. 15. 4 定义的是传感器网络物理层和控制层的规范，而 ZigBee 专注于传感器网络网络层及其以上层的规范。

ZigBee 联盟制定了基于 IEEE802. 15. 4，具有高可靠性、高性价比、低功耗的网络应用规范。ZigBee 技术的命名主要来自于人们对蜜蜂采蜜过程的观察，蜜蜂在采蜜过程中跳着优美的舞蹈，其舞蹈轨迹像“Z”的形状，蜜蜂自身体积小，所需要的能量小，又能传递所采集的花粉。因此，人们用 ZigBee 技术来代表具有低成本、体积小、能量消耗小和传输速率低的无线通信技术。

ZigBee 开发了安全层，以保证这种便携设备不会意外泄露其标识，而且这种利用网络的远距离传输不会被其他节点获得。ZigBee 的安全体系提供的安全管理主要是依靠对称性密钥保护、应用保护机制、合适的密码机制及相关的保密措施。安全协议的执行（如密钥的建立）要以 ZigBee 整个协议栈正确地运行而不遗漏为前提。控制层、网络层和业务支撑层都有可靠的安全传输机制用于各自的数据帧。

6. IETF

IETF（互联网工程任务组）于 1985 年成立，是松散的、自律的、志愿的民间学术组织，其主要任务是负责互联网相关技术规范的研制。

IETF 与物联网相关的研究集中在基于 IPv6 的低功耗网络路由和应用方面。IETF 在物联网领域的研究尚处在起步阶段，相关的正式标准成果较少。IETF 在物联网标准研制方面，侧重于将 IP 技术应用于物联网感知层的核心技术标准。

IETF由3个工作组分别制定6LoWPAN网络适配层（6LoWPAN工作组）、网络层路由（RoLL工作组）及资源受限环境下的应用层（CoRE工作组）技术标准，同时还有一个工作组（Lwig）主要对互联网轻量级协议实现进行研究。

IETF各工作组的技术与IP技术是一脉相承的，因此，IETF标准主要起草者是美国的大学及公司，包括Cisco、Intel、Standford等。中国移动担任新成立的Lwig工作组的主席职位，也主导起草标准中的部分内容。

7. 3GPP

3GPP（第三代合作伙伴计划）是一个于1998年12月成立的国际标准化组织，致力于3G及长期演进分组域网络的研究。下设4个技术专家组，共有17个工作组，其中SA3工作组主要开展安全方面的技术研究与标准制定工作。

3GPP的工作主要集中在M2M方面，如业务需求、系统架构，以及M2M可能带来的影响。3GPP的关注点是与移动通信网络的终端和移动网络相关的领域，主要是M2M对终点端和网络带来的影响。SA3主要针对移动通信网络支撑M2M通信的安全需求和技术开展研究。

8. GS1

GS1系统起源于美国，由美国统一代码委员会（UCC，于2005年更名为GS1 US）于1973年创建。2005年，EAN（欧洲物品编码协会）和UCC正式合并更名为GS1。

GS1为在全球范围内标识货物、服务、资产和位置提供了准确的编码。这些编码能够以条码符号来表示，以便进行商务流程所需的电子识读。该系统克服了厂商、组织使用自身的编码系统或部分特殊编码系统的局限性，提高了贸易的效率和对客户的反应能力。

1.3.2　我国物联网标准化组织结构

在前几次高科技产业浪潮中，中国都受制于自主标准缺失，在PC（个人计算机）、软件、互联网、移动通信、DVD（数字化视频光盘）等领域，美国等起步较早的国家直接掌握着大部分国际标准的制定权，从而掌握着整个产业发展的主动权。因此，在信息产业的第三次浪潮——物联网中，我国高度重视标准化问题，力争主导国际标准的制定。

我国物联网标准化在组织方面基本建立了标准化协调工作组织。这些组织负责物联网相关标准化的协调工作，具体标准的制定仍然归口到各标准化专业技术委员会。目前我国物联网标准化主要组织结构如图1-4所示。

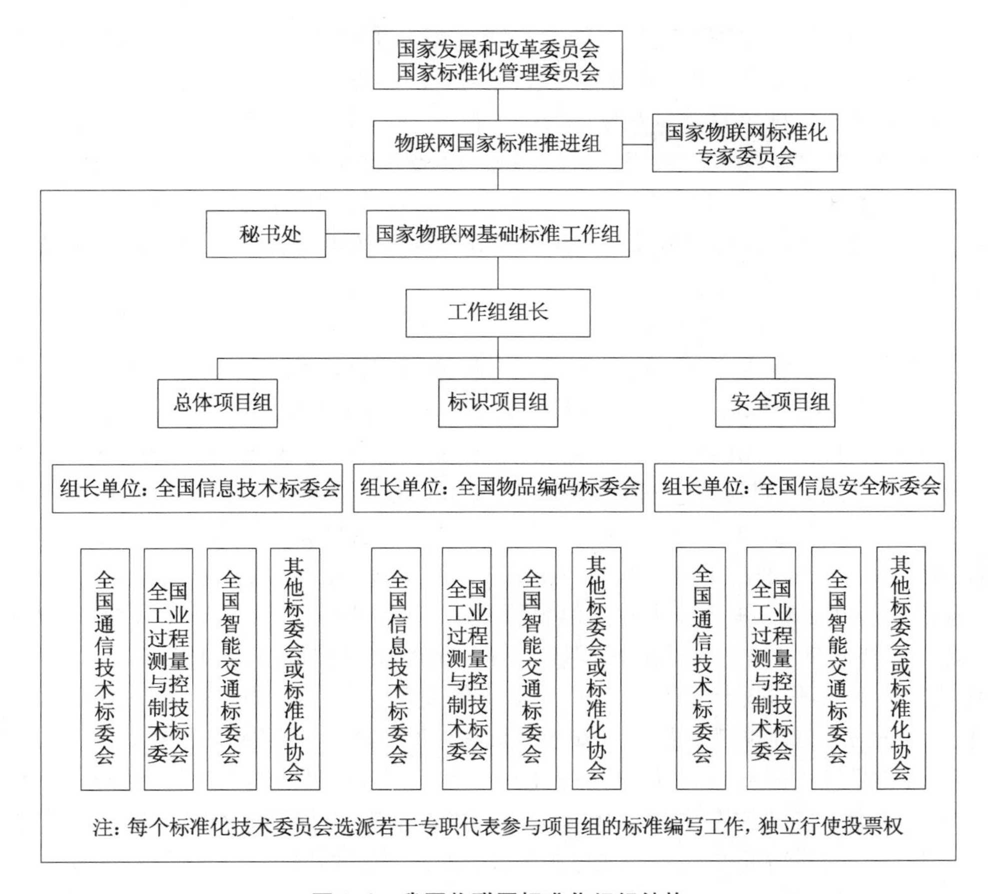

图1-4 我国物联网标准化组织结构

1. 电子标签国家标准工作组

为促进我国电子标签技术和产业的发展，加快国家标准和行业标准的制/修订速度，充分发挥政府、企事业、研究机构、高校的作用，经原信息产业部科技司批准，2005年12月2日，电子标签标准工作组在北京正式宣布成立。该工作组的任务是联合社会各方面力量，开展电子标签标准体系的研究，并以企业为主体进行标准的预先研究和制/修订工作。该工作组是由组长、联络员、成员、专题组和秘书处构成。专题组包括7个，分别是总体组、知识产权组、频率与通信组、标签与读写器组、数据格式组、信息安全组和应用组。成员分为全权成员和观察成员。总体组的工作范围是负责制定RFID标准体系框架并协调各个组的工作；知识产权组的工作范围是制定RFID标准知识产权政策、起草知识产权法律文件，提供知识产权咨询服务；频率与通信组的工作范围是负责提出我国 RFID 频率需求、制定 RFID 通信协议标准及相应的检测方法；标签与读写器组的工作范围是负责制定标签与读写器物理特性、试验方法等标准；数据格式组的工作范围是负责制定基础标准、术语、产品编码、网络架构等标准；信息安全组的工作范围是负责制定 RFID 相关的信息安全标准，包括读写器与标签之间的信息安全，读写器与后台系统的信息安全；应用组是在国家总体电子标签应用指南的框架下制定 RFID 相关应用标准。

2. 传感器网络标准工作组

传感器网络标准工作组的主要任务是根据国家标准化工作的方针政策，研究并提出有关传感网络标准化工作方针、政策和技术措施的建议；按照国家标准制/修订原则，积极采用国际标准和国外先进标准的方针，制订和完善传感网的标准体系表；提出制/修订传感网国家标准的长远规划和年度计划的建议；根据批准的计划，组织传感网国家标准的制/修订工作及其他与标准化有关的工作。传感器网络标准工作是由 PG1（国际标准化）、PG2（标准体系与系统架构）、PG3（通信与信息交互）、PG4（协同信息处理）、PG5（标识）、PG6（安全）、PG7（接口）和 PG8（电力行业应用调研）等 8 个专项组构成。2009 年 12 月，该工作组完成了 6 项国家标准和 2 项行业标准的立项工作。6 项国家标准包括总则、术语、通信和信息交互、接口、安全、标识；2 项电子行业标准是机场传感器网络防入侵系统技术要求和面向大型建筑节能监控的传感器网络系统技术要求。2010 年 1 月，工作组又申报了 4 项国家标准的立项，即传感器网络网关技术要求、传感器网络协同信息处理支撑服务及接口、传感器网络节点中间件数据交互规范和传感器网络数据描述规范。其中，协同信息处理支撑服务及接口推动了该项标准的国际标准化的制定工作。

3. 泛在网技术工作委员会

2010 年 2 月 2 日，中国通信标准化协会（CCSA）泛在网技术工作委员会（TC10）成立大会暨第一次全会在北京召开。TC10 的成立，标志着 CCSA 今后泛在网技术与标准化的研究将更加专业化、系统化、深入化，必将进一步促进电信运营商在泛在网领域进行积极的探索和有益的实践，不断优化设备制造商的技术研发方案，推动泛在网产业健康快速发展。

4. 中国物联网标准联合工作组

2010 年 6 月 8 日，在国家标准化管理委员会、工业和信息化部等相关部委的共同领导和直接指导下，由全国工业过程测量和控制标准化技术委员会、全国智能建筑及居住区数字化标准化技术委员会、全国智能运输系统标准化技术委员会等 19 家现有标准化组织联合倡导并发起成立物联网标准联合工作组。联合工作组紧紧围绕物联网产业与应用发展需求，统筹规划，整合资源，坚持自主创新与开放兼容相结合的标准战略，加快推进了我国物联网国家标准体系的建设和相关国标的制定，同时积极参与有关国际标准的制定。

1.3.3 我国物联网标准化现状

国际标准化组织与国际电工委员会（ISO/IEC）于2008年6月25—27日在上海举办国际首届传感器网络标准化大会。在这次大会上，由传感器网络标准工作组代表中国牵头提出了整个传感网的体系架构、产业的演进路线、协议栈架构等，获得一致通过。中国代表团向大会提交8项技术报告，这标志着我国在这项新兴信息领域的技术处于国际前列，在制定国际标准中享有重要话语权。在此后的会议上，基本上都是由我国代表国际标准化组织做总体报告和特邀报告。可以说，在标准化方向上我国具有举足轻重的话语权，这在我国的信息技术发展史上还是第一次。

物联网标准的划分应该是分层次的，如传感器的、应用的、传输的等，或者细化为芯片、电路、通信接口、路由等层次。目前我国在做的主要是在传感器上的标准，是传感网络路由层面的标准。

目前，我国物联网技术的研发水平已位于世界前列，在一些关键技术上处于国际领先地位，与德国、美国、日本等国一起，成为国际标准制定的主要国家，逐步成为全球物联网产业链中重要的一环。然而在产业领域标准化进程中仍存在一些问题，北京邮电大学网络与交换技术国家重点实验室宽带网研究中心主任谢东亮认为，传感网产业的发展涉及产业链中信息采集、信息传输和信息服务等多个厂商，目前不仅缺乏传感网本身的标准，也缺乏传感网和其他网络互联互通的标准，这将成为传感网大规模应用推广的障碍。此外，由于物联网潜在的安全问题，国内诸多学者在要不要与国际统一标准和如何统一标准的问题上存有分歧。

1.4 物联网的层次结构

网络体系结构主要研究网络的组成部件，以及这些部件之间的关系。物联网体系结构与传统网络体系结构一样，也可采用分层网络体系结构来进行描述。物联网的架构可以分为感知层、网络层和应用层。

1.4.1 感知层——皮肤和五官

感知层作为整个物联网体系的最底层，是物联网运行的基础，主要承担着信息采集、物体识别、信息传输等任务。在感知层中最主要的技术有传感器技术、射频识别（RFID）技术、二维码技术等。

1. 传感器技术

传感器技术是感知层中最为关键的一项技术。一个物联网系统的正常运作离不开各种各样的传感器。简单来讲，传感器是能感受力、温度、光、声等物理量，并能按照一定的规律将其转换成便于传送和处理的另一物理量（通常为电流、电压等）或转换为电路通断的一类元件。它通常由敏感元件和转换元件组成。传感器具有微型化、数字化、智能化、集成化、多功能化等特点，能够满足信息的传输、处理、存储、显示、记录和控制等要求。在物联网中，传感器主要用于采集、处理、运输环境动态变化信息。传感器技术被广泛用于军事、交通管理、航空航天等领域，以下主要介绍两种物联网中的传感器技术。

（1）无线传感网技术

大量传感器节点以随机散播或人工放置的方式分布于监测区域内，通过无线通信方式而构建的多跳自组织网络系统就是无线传感网络（Wireless Sensor Network，WSN）。

无线传感器网络中主要包含两类节点，分别为传感器节点和 Sink 节点。

① 传感器节点：具有感知和通信功能的节点，在传感器网络中负责监控目标区域并获取数据，以及完成与其他传感器节点的通信，能够对数据进行简单的处理。

② Sink 节点：又称基站节点，负责汇总由传感器节点发送过来的数据，并做进一步数据融合及其他操作，最终把处理好的数据上传至互联网，如图 1-5 所示。

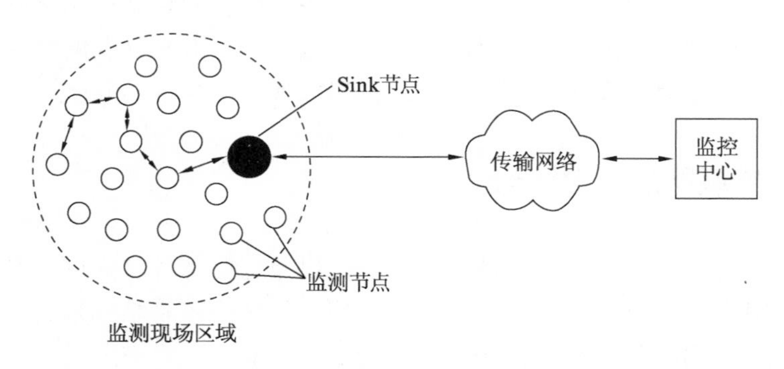

图 1-5　Sink 节点工作示意图

无线传感器网络有三种常见拓扑结构，分别为星形拓扑、网状拓扑和树状拓扑，如图 1-6 所示。

① 星形拓扑：具有组网简单、成本低的特点，但网络覆盖范围小，一旦

Sink 节点发生故障，所有与 Sink 节点连接的传感器节点与网络中心的通信都将中断。星形拓扑结构组网时，电池的使用寿命较长。

② 网状拓扑：具有组网可靠性高、覆盖范围大的优点，但电池使用寿命短、管理复杂。

③ 树状拓扑：具有星形和网状拓扑的一些特点，既保证了网络覆盖范围大，同时又不至于电池使用寿命过短，更加灵活、高效。

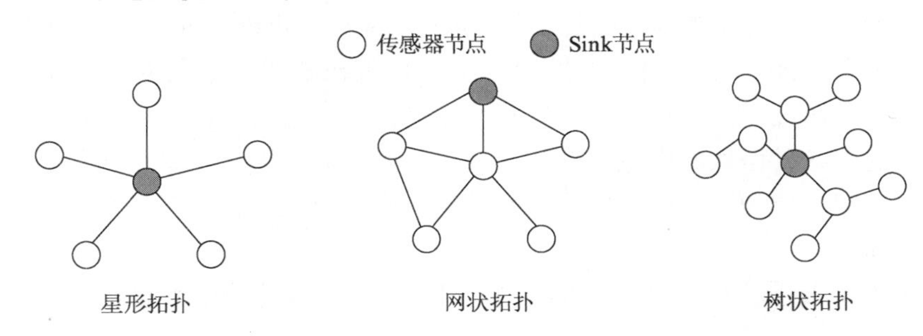

图 1-6　无线传感器网络的三种常见拓扑结构

无线传感器网络被应用于军事、农业、生态环境、基础设施、工业、智能交通、医疗等领域。

在军事领域，WSN 技术常用于监测敌军区域内的兵力和装备、实时监视战场状况、定位目标、监测核攻击或者生物化学攻击等。

在农业领域，WSN 技术常用于辅助农业生产，如采用 WSN 建设农业环境自动监测系统，完成风、光、水、电、热和农药等的数据采集和环境控制。

在生态环境领域，WSN 技术常用于环境监测和预报，如通过数种传感器来监测降雨量、河水水位、土壤水分等，并依此预测山洪暴发，描述生态多样性，从而进行动物栖息地生态监测等。

在基础设施领域，WSN 技术对于大型工程的安全施工及建筑物安全状况的监测有积极的作用。通过布置传感器节点，可以及时准确地观察大楼、桥梁和其他建筑物的状况，及时发现险情，及时进行维修，避免造成严重后果。

在工业领域，WSN 技术可用于危险的工作环境，如在煤矿、石油钻井、核电厂和组装线布置传感器节点，可以随时监测工作环境的安全状况，为工作人员的安全提供保证。另外，传感器节点还可以代替部分工作人员到危险的环境中执行任务，不仅降低了危险程度，还提高了对险情的反应精度和速度。

在智能交通领域，WSN 技术可用于智能交通系统的信息采集和传输，如监测道路各个方向的车流量、车速等信息，并运用计算方法计算出最佳方案，同时输出控制信号给执行子系统，以引导和控制车辆的通行，从而达到预设的目标。

在医疗领域，WSN 技术通过连续监测提供丰富的数据资料并做预警响应。WSN 集合了微电子技术、嵌入式计算技术、现代网络及无线通信和分布式信息处理等技术，能够通过各类集成化的微型传感器协同完成对各种环境或监测对象的信息的实时监测、感知和采集。

（2）多传感器融合

多传感器融合，又称多传感器信息融合（multi - sensor information fusion，MSIF），有时也称作多传感器数据融合（multi - sensor data fusion），于 1973 年在美国国防部资助开发的声纳信号处理系统中被首次提出，它是对多种信息的获取、表示及其内在联系进行综合处理和优化的技术。它从多信息的视角进行处理及综合，得到各种信息的内在联系和规律，从而剔除无用的和错误的信息，保留正确的和有用的成分，最终实现信息的优化，也为智能信息处理技术的研究提供了新的方向。

多传感器融合具有不同的层次结构，分别为数据层融合、特征层融合、决策层融合。

① 数据层融合：也称像素级融合，首先将传感器的观测数据融合，然后从融合的数据中提取特征向量，并进行判断识别。数据层融合需要传感器是同质的（传感器观测的是同一物理现象），如果多个传感器是异质的（观测的不是同一个物理量），那么数据只能在特征层或决策层进行融合。数据层融合不存在数据丢失的问题，得到的结果也是最准确的，但计算量大，且对系统通信带宽的要求很高。

② 特征层融合：特征层融合属于中间层次，先从每种传感器提供的观测数据中提取有代表性的特征，这些特征融合成单一的特征向量，然后运用模式识别的方法进行处理。这种方法的计算量及对通信带宽的要求相对降低，但由于部分数据的舍弃使其准确性有所下降。

③ 决策层融合：决策层融合属于高层次的融合，由于对传感器的数据进行了浓缩，这种方法产生的结果相对而言最不准确，但它的计算量及对通信带宽的要求最低。

2. RFID 技术

RFID 技术是一种比较成熟的短距离无线通信技术，可在短距离内实现数据的读写操作。RFID 技术自 20 世纪 90 年代受到关注以来，得到了迅速的发展和广泛的应用，对人们的生活方式产生了巨大的影响。RFID 技术在身份证件和门禁、防盗防伪、产品信息跟踪、资产管理等方面都有涉及。例如，高速公路上应用非机械接触射频卡来实现自动收费；公交车上使用射频识别技术的公交卡。

（1）RFID 系统的技术组成

一般来说，RFID 由系统高层、读写器、电子标签三部分组成，如图 1-7 所示。系统高层一般接收由读写器传输来的信息，并且可以和读写器实现数据的相互传递，将收到的信息加以保存，人们可以通过系统高层获取所需的信息。读写器的作用是通过天线装置读取电子标签中存储的信息，并且将读取获得的信息传递给系统高层。电子标签分为有源型和无源型，其作用主要是存取目标特有的信息，并且和读写器实现信息的传输。

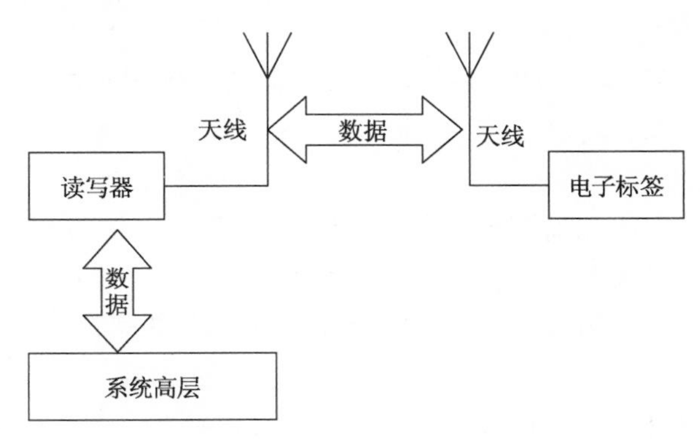

图 1-7　RFID 系统的组成

（2）RFID 技术的工作原理

读写器通过天线装置发出射频信号，当电子标签进入读写器发出的射频信号的范围内，从感应产生的电流中获取能量，此时电子标签被激活，激活后的电子标签发射信号给读写器（无源标签），或者可以由电子标签主动发射信号给读写器（有源标签），这个信号可以由读写器接收，读写器将获取的信息解码后传输给系统高层，由系统高层对接收到的信息进行管理。

（3）RFID 技术的特点

RFID 技术具有读取方便快捷、识别速度快、数据容量大、使用寿命长、应用范围广、标签数据可动态更改、安全性更好、动态实时通信等特点。

① 读取方便快捷。数据的读取无须光源，甚至可以透过外包装来进行。有效识别距离更长，采用自带电池的主动标签时，有效识别距离可达到 30 m 以上。

② 识别速度快。标签一进入磁场，阅读器就可以即时读取其中的信息，而且能够同时处理多个标签，实现批量识别。

③ 数据容量大。数据容量最大的二维条形码（PDF417），最多也只能存储 2725 个数字，若包含字母，存储量则会更少；RFID 标签则可以根据用户的需要扩充到数十 K。

④ 使用寿命长，应用范围广。其无线电通信方式，使其可以应用于粉尘、油污等高污染环境和放射性环境，而且其封闭式包装使得其寿命大大超过印刷的条形码。

⑤ 标签数据可动态更改。利用编程器可以向电子标签里写入数据，从而赋予 RFID 标签交互式便携数据文件的功能，而且写入时间比打印条形码更短。

⑥ 安全性更好。RFID 电子标签不仅可以嵌入或附着在不同形状、类型的产品上，而且可以为标签数据的读写设置密码保护，从而具有更高的安全性。

⑦ 动态实时通信。标签以每秒 50～100 次的频率与 RFID 阅读器进行通信，所以只要 RFID 标签所附着的物体出现在解读器的有效识别范围内，就可以对其位置进行动态的追踪和监控。

3. 二维码技术

二维码是用特定的几何图形按一定规律在平面（二维方向上）分布的黑白相间的矩形方阵记录数据符号信息的新一代条码。它由一个二维码图形、一个二维码号，以及下方的说明文字组成，具有信息量大，纠错能力强，识读速度快，全方位识读等特点。

二维码技术作为一种全新的信息存储、传递和识别技术，自诞生之日起就得到了广泛关注。在二维码标准化研究方面，国际自动识别制造商协会（AIM）、美国标准化协会（ANSI）完成了 PDF417、QR Code、Code 49、Code 16K、Code One 等码制的符号标准；国际标准技术委员会和国际电工委员会成立了条码自动识别技术委员会（ISO/IEC/JTC1/SC31），制定了 QR Code 的国际标准 ISO/IEC 18004：2000《自动识别与数据采集技术——条码符号技术规范——QR 码》，起草了 PDF417、Code 16K、Data Matrix、Maxi Code 等二维码的 ISO/IEC 标准草案。我国在消化国外相关技术资料的基础上，制定了二维码网格矩阵码（SJ/T 11349—2006）和二维码紧密矩阵码（SJ/T 11350—2006）两个国家标准。在二维码设备开发研制、生产方面，设备制造商生产的识读设备、符号生成设备，已广泛应用于各类二维码应用系统。例如，公安、外交、军事等部门利用二维码技术对各类证件进行管理；海关、税务等部门利用二维码技术对各类报表和票据进行管理；商业、交通运输等部门利用二维码技术对商品及货物运输进行管理；工业生产领域利用二维码技术对工业生产线进行自动化管理。

常见的二维码形式主要有两种，分别为堆叠式二维码和矩阵式二维码。

① 堆叠式二维码：在一维条形码的基础上，将多个条形码堆积在一起进行编码，常见的编码标准有 PDF417 等，如图 1-8 所示。

01234567

图 1-8　PDF417 码示例

② 矩阵式二维码：在一个矩阵空间中通过黑色和白色的方块进行信息的表示，黑色的方块表示 1，白色的方块表示 0，相应的组合表示了一系列的信息，常见的编码标准有 QR 码、汉信码等，如图 1-9 所示。QR 码的结构如图 1-10 所示。

(a) QR码示例　(b) 汉信码示例

图 1-9　矩阵式二维码示例

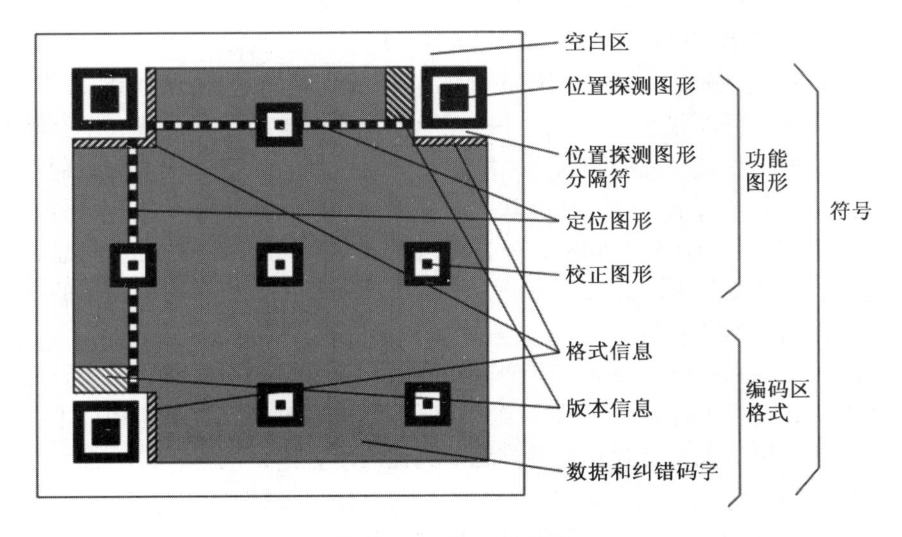

图 1-10　QR 码的结构

1.4.2 网络层——神经中枢和大脑

如果说感知层是物联网的“感觉器官”，那么网络层就是物联网的“大脑”。物联网网络层中存在着各种“神经中枢”，用于信息的传输、处理及利用等。通信网络、信息中心、融合网络、网络管理中心等共同构成了物联网的网络层。

要实现网络层的数据传输，可以利用多种形式的网络类型，比如人们既可以利用小型局域网、家庭网络、企业内部专网等各类专网进行数据传输，也可以利用互联网、移动通讯网等大型公共网络进行信息传输。事实上，如果能将电视网络和互联网相互融合，那么这两种网络融合后的有线电视网也可以成为物联网网络层的一部分，这种网络能与其他网络配合，共同承担起物联网网络层的多种功能。随着多种应用网络的融合，物联网的进程将会不断加快。

1. 互联网

互联网几乎包含了人类的所有信息，是人类信息资源的汇总，人们常说的因特网就是互联网的狭义称谓。在相关网络协议的约束下，通过互联网相连的网络将海量的信息汇总、整理和存储，实现信息资源的有效利用和共享，这其实就是互联网最主要的功能。互联网是由众多的子网连接而成，它是一个逻辑性网络，而每一个子网中都有一些主机，这些主机主要由计算机构成，它们相互连接，共同控制着自己区域的子网。互联网中存在两类最高层域名，分别是地理性域名和机构性域名，其中，机构性域名的数量有 14 个。

“客户机 + 服务器”模式是互联网的基础工作模式，在 TCP/IP 的约束下，如果一台计算机可以和互联网连接并相互通信，那么这台计算机就成了互联网的一部分。这种不受自身类型和操作系统限制的联网形式，使互联网的覆盖范围十分广大。从某种意义上来说，在互联网的基础上加以延伸便可形成物联网。

拥有丰富信息资源的互联网，一方面可以方便人们获取各种有用信息，让人们的生产、生活变得更加高效；另一方面可以让人们享受互联网所提供的优质服务，从而提高人们的生活水平。

互联网是物联网最主要的信息传输网络之一，要实现物联网，就需要互联网适应更大的数据量，提供更多的终端。而要满足这些要求，就必须从技术上进行突破。目前，IPv6 技术是攻克这种难题的关键技术，这是因为，IPv6 拥有接近无限的地址空间，可以存储和传输海量的数据。利用互联网的 IPv6 技术，不仅可以为人提供服务，还能为所有硬件设备提供服务。

2. 移动通信网

随着网络化的不断进步和发展，移动通信网络成为人们网络生活的重要组成部分，提供了高效的网络技术支持，通过将移动通信网与物联网的相互融合，可以更好地促进物联网技术的发展和应用，也更好地实现物与物、人与物、人与人之间随时随地联通。

核心网、骨干网、无线接入网共同构成了移动通信网。其中，无线接入网的主要作用是连接移动通信网和移动终端，而利用核心网和骨干网可以实现信息的互交和传递。由此可见，移动通信网的基础技术包括两类：一类是信息互交技术，另一类是信息传递技术。

移动物体之间、移动物体与静态物体之间的通信需要利用移动通信网得以实现。移动通信有两种方式，分别是有线通信和无线通信，在这两种方式的作用下，人们可以享受到语音通话、图片传输等服务。

移动通信网具有如下特性：

① 移动性。要实现移动通信，需利用无线方式进行传输，或者利用有线与无线相结合的方式传输。

② 电磁波传输条件复杂。移动物体所处环境的复杂性决定了电磁波传输条件的复杂性，在传播的过程中，电池波会因为反射、折射、绕射等物理特性，产生信息延迟、多径干扰等问题。

③ 系统与网络结构复杂。移动通信网的用户有很多，要实现他们之间的相互通信，需要一个既能相互协调，又不会互相干扰的网络系统。这个网络系统需要与数据网、卫星通信网及局域网互联，因此具有网络结构复杂性。

④ 具备高利用率的频带和高性能的设备。WiMAX、WiFi 以及 3G、4G 等接入技术是移动通信网的主要技术。其中，WiMAX 的英文全称是 Worldwide Interoperability for Microwave Access，即全球微波互联接入，是一种无线信息传播术。WiMAX 可接收的波段包括微波、毫米波，信号传输范围为半径 50 km 内，常用于偏远地区的无线连接。WiFi 的英文全称是 Wireless Fidelity，即无线保真技术。其组成部分包括无线网卡和 AP 接入点等，可实现多种无线设备的网络连接。3G 是一种集合了多种信息系统的蜂窝式移动通信技术。4G 是集 3G 与 WLAN 于一体，并能够快速传输数据、高质量音频、视频和图像等。

3. 无线传感器网络

无线传感器网络是一种无中心节点的全分布系统，如图 1-11 所示。通过随机投放的方式，众多传感器节点被密集部署于监控区域。这些传感器节点集成有传感器、数据处理单元和通信模块，它们通过无线通道相连，自组织地构成网络系统。

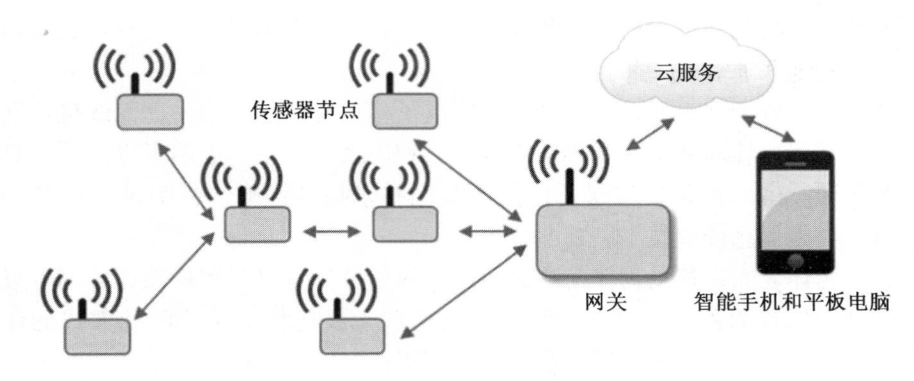

图 1-11　无线传感器网络

传感器节点借助于其内置的形式多样的传感器，测量所在周边环境中的热、红外、声呐、雷达和地震波信号，也包括温度、湿度、噪声、光强度、压力、土壤成分，移动物体的大小、速度和方向等。传感器节点间具有良好的协作能力，通过局部的数据交换来完成全局任务。

由于传感器网络的节点特点的要求，多跳、对等的通信方式较之传统的单跳、主从通信方式更适合于无线传感器网络，同时还可有效避免在长距离无线信号传播过程中遇到的信号衰落和干扰等问题。通过网关，传感器网络还可以连接到现有的网络基础设施上，从而将采集到的信息回传给远程的终端用户使用。无线传感器网络具有以下的特点：

（1）大规模网络

为了获取精确信息，在监测区域内通常部署大量传感器节点，传感器节点数量可能达到成千上万，甚至更多。

传感器网络的大规模性包括两方面的含义：一方面是传感器节点分布在很大的地理区域内，如在原始大森林中采用传感器网络进行森林防火和环境监测，需要部署大量的传感器节点；另一方面，传感器节点部署很密集，在一个面积不是很大的空间内，密集部署了大量的传感器节点。传感器网络的大规模性具有如下优点：通过不同空间视角获得的信息具有更大的信噪比；通过分布式处理大量的采集信息能够提高监测的准确度，降低对单个节点传感器的准确度要求；大量冗余节点的存在，使得系统具有很强的容错性能；大量节点能够增大覆盖的监测区域，减少盲区。

（2）自组织网络

在传感器网络应用中，通常情况下传感器节点被放置在没有基础结构的地方。传感器节点的位置不能预先精确设定，节点之间的相互邻居关系预先也不知道，如通过飞机播撒大量传感器节点到面积广阔的原始森林中，或随意放置到人不可到达或危险的区域。

这样就要求传感器节点具有自组织的能力，能够自动进行配置和管理，通过拓扑控制机制和网络协议自动形成转发监测数据的多跳无线网络系统。在传感器网络的使用过程中，部分传感器节点由于能量耗尽或环境因素造成失效，也有一些节点为了弥补失效节点、增加监测准确度而补充到网络中，这样在传感器网络中的节点个数就动态地增加或减少，从而使网络的拓扑结构随之动态地变化。传感器网络的自组织性要能够适应这种网络拓扑结构的动态变化。

（3）多跳路由

网络中节点通信距离有限，一般在几十到几百米范围内，节点只能与它的邻居直接通信。如果希望与其射频覆盖范围之外的节点进行通信，则需要通过中间节点进行路由。网络的多跳路由使用网关和路由器来实现，而无线传感器网络中的多跳路由是由普通网络节点完成的，没有专门的路由设备。这样每个节点既可以是信息的发起者，也可以是信息的转发者。

（4）动态性网络

传感器网络的拓扑结构可能因为下列因素而改变：环境因素或电能耗尽造成的传感器节点出现故障或失效；环境条件变化可能造成无线通信链路带宽变化，甚至时断时通；传感器网络的传感器、感知对象和观察者这三要素都可能具有移动性；新节点的加入。这就要求传感器网络系统要能够适应这种变化，具有动态的系统可重构性。

（5）可靠的网络传感器网络

可靠的网络传感器网络特别适合部署在恶劣环境或人类不宜到达的区域，传感器节点可能工作在露天环境中，遭受太阳的暴晒或风吹雨淋，甚至遭到无关人员或动物的破坏。传感器节点往往采用随机部署，如通过飞机播撒或发射“炮弹”到指定区域进行部署。

这些都要求传感器节点非常坚固，不易损坏，适应各种恶劣的环境条件。由于监测区域环境的限制，以及传感器节点数目巨大，不可能人工“照顾”到每个传感器节点，网络的维护十分困难甚至不可维护。传感器网络的通信保密性和安全性也十分重要，要防止监测数据被盗取和获取伪造的监测信息。因此，传感器网络的软硬件必须具有鲁棒性和容错性。

（6）以数据为中心的网络

传感器网络是任务型的网络，脱离传感器网络谈论传感器节点没有任何意义。传感器网络中的节点采用节点编号标志，节点编号是否需要全网唯一取决于网络通信协议的设计。由于传感器令点随机部署，构成的传感器网络与节点编号之间的关系是完全动态的，表现为节点编号与节点位置没有必然联系。用户使用传感器网络查询事件时，直接将所关心的事件通告给网络，而不是通告给某个确定编号的节点。网络在获得指定事件的信息后汇报给用户。

这种以数据本身作为查询或传输线索的思想更接近于自然语言交流的习惯。所以通常说传感器网络是一个以数据为中心的网络。例如，在应用于目标跟踪的传感器网络中，跟踪目标可能出现在任何地方，对目标感兴趣的用户只关心目标出现的位置和时间，并不关心哪个节点监测到目标。事实上，在目标移动的过程中，必然是由不同的节点来提供目标的位置消息的。

（7）应用相关的网络

传感器网络用来感知客观物理世界，获取物理世界的信息量。客观世界的物理量多种多样，不可穷尽。不同的传感器网络应用关心不同的物理量，因此对传感器的应用系统也有多种多样的要求。不同的应用背景对传感器网络的要求不同，其硬件平台、软件系统和网络协议必然会有很大差别，所以传感器网络不能像因特网一样，有统一的通信协议平台。

对于不同的传感器网络应用虽然存在一些共性问题，但在开发传感器网络应用中，更关心传感器网络的差异。只有让系统更贴近应用，才能做出最高效的目标系统。针对每一个具体应用来研究传感器网络技术，这是传感器网络设计不同于传统网络的显著特征。

4. ZigBee

随着我国物联网正进入发展的快车道，ZigBee 技术已经在很多智能传感器场景中进行了应用。

ZigBee 是一组基于 IEEE 802. 15. 4 无线标准研制开发的、有关组网、安全和应用软件方面的技术，具有低功耗、低成本、低速率、近距离、短时延、网络容量大、高安全、免执照频段、数据传输可靠等特点，主要适用于自动控制和远程控制领域，可以满足小型廉价设备的无线联网和控制。ZigBee 定义了网络层（Network Layer）、安全层（Security Layer）、应用层（Application Layer）及各种应用产品的资料。

ZigBee 协议结构如图 1-12 所示，主要由物理层、MAC 子层、网络/安全层、会聚层和应用层组成。IEEE802. 15. 4 定义了 2. 4GHz 和 868/915MHz 两个物理层，均基于直接序列扩频数据包格式，区别在于工作频率、调制技术、扩频码片长度和传输速率，分组结构如图 1-13 所示。MAC 子层的功能包括设备间无线链路的建立、维护和断开，确认模式的帧传送与接收，信道接

应用层
会聚层
网络/安全层
MAC子层
物理层

图 1-12　ZigBee 协议结构

入与控制，帧校验与快速自动请求重发（ARQ），预留时隙管理，广播信息管理等。帧结构如图 1-14 所示。

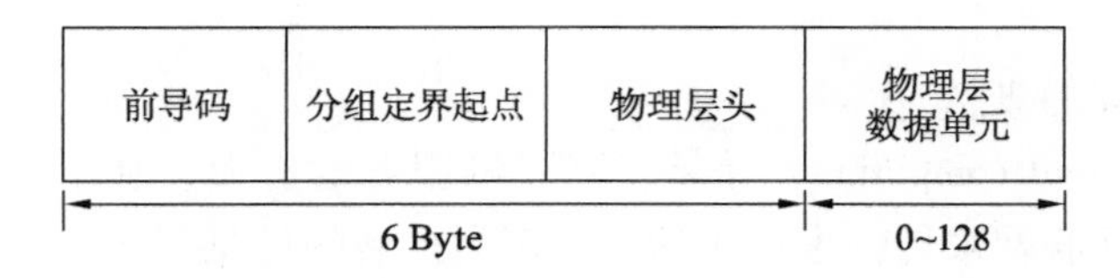

图 1-13　物理层分组结构

图 1-14　ZigBee 帧结构

ZigBee 网络根据应用的需要可以组成星型网络、网状网络和簇状网络三种拓扑结构，如图 1-15 所示。

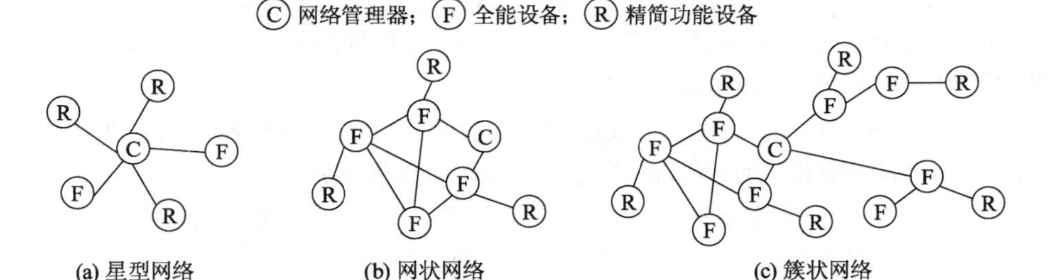

图 1-15　ZigBee 网络拓扑结构

在 ZigBee 网络中，根据设备所具有的通信能力，可以分为全能设备 FFD（full – function device）、精简功能设备 RFD（reduced – function device）和网络管理器（network coordinator）。FFD 主要对网络进行控制和管理，RFD 主要用于简单的控制应用，传输的数据量较少，对传输资源和通信资源占用不多。网络管理器是网络的中心，主要负责网络成员的管理、链路状态信息的管理、分组转发等。在网络中，FFD 之间、FFD 和 RFD 之间可以相互通信，但 RFD 只能与 FFD 通信，不能与其他 RFD 通信。

1.4.3　应用层——“社会分工”

应用层就是用户和物联网进行信息交换的接口，构建各行业的实际需求应用，如地震监测、车辆监控、物流运输，实现物联网的智能应用，用户可以利用物联网提供经过分析的感知数据来享受特定的服务。由此可知，应用层是物联网发展的目的。

1. 云计算

（1）云计算的概念

云计算（cloud computing）是基于互联网服务的扩大、利用和交付的功能模式，包含通过互联网来传输虚拟化的、动态易扩展的信息资源。现阶段，对云计算的定义有多种说法，广为使用的是美国国家标准与技术研究院（NIST）的定义：云计算是一种按使用量付费的模式。这种模式能够产生便利的、按需的、可用的互联网访问，能够产生并连接可配置的信息资源共享池（资源包括互联网、服务器、应用软件、存储器及服务），这些资源可以随时随地被调取利用，而花费很少的管理时间，或与服务提供商进行极少的交互工作。

（2）云计算的特点

① 超大规模。"云"具有相当的规模，Google 云计算已经拥有 100 多万台服务器，Amazon、IBM、微软、Yahoo 等的"云"均拥有几十万台服务器。企业私有云一般拥有数百上千台服务器。"云"能赋予用户前所未有的计算能力。

② 虚拟化。云计算支持用户在任意位置使用各种终端获取应用服务。所请求的资源来自"云"，而不是固定的有形实体。

③ 高可靠性。"云"使用了数据多副本容错、计算节点同构可互换等措施来保障服务的高可靠性，使用云计算比使用本地计算机可靠。

④ 通用性。云计算不针对特定的应用，在"云"的支撑下可以构造出千变万化的应用，同一个"云"可同时支撑不同的应用运行。

⑤ 高可扩展性。"云"的规模可以动态伸缩，满足应用和用户规模增长的需要。

⑥ 按需服务。"云"是一个庞大的资源池，可按需购买。

⑦ 极其廉价。由于"云"的特殊容错措施，可以采用极其廉价的节点来构成云，"云"的自动化集中式管理使大量企业无须负担日益高昂的数据中心管理成本，"云"的通用性使资源的利用率较传统系统大幅提升，因此，用户可以充分享受"云"的低成本优势，经常只要花费几百美元在几天内就能完成以前需要数万美元、数月时间才能完成的任务。

（3）云计算的应用领域

① 云政务。由于云计算具有集约、共享、高效等特点，所以其应用将为政府部门降低20% ~80% 的成本。在电子商务延伸至电子政务的背景下，各政府部门都在着力进行电子政务改革，研究云计算普遍应用的可能性。

② 云存储。云存储不是某一个具体的存储设备，而是互联网中大量的存储

设备通过应用软件共同作用、协同发展，进而带来的数据访问服务。云计算系统要运算和处理海量数据，为支持云计算系统需要配置大量的存储设备，这样云技术系统就自动转化为云存储系统。

③ 云物联。物联网通过智能感知、识别技术与普适计算广泛应用于互联网的各个方面。物联网作为互联网的业务和应用，随着其深入的发展和流量的增加，对数据储存和计算量的要求将带来对云计算的需求增加，且在物联网的高级阶段必将需要虚拟云计算技术的进一步应用。

④ 云安全。云安全融合了并行处理、网络技术、未知病毒等新兴技术，通过分布在各个领域的客户端对互联网中存在的异常情况进行监测，获取最新病毒程序信息，将信息发送至服务端进行处理，并推送最便捷的解决建议，通过云计算技术使整个互联网变成了终极安全卫士。

⑤ 云教育。云教育打破了传统教育的垄断和固有边界，使教育的不同参与者在云技术平台上进行教育、教学等。同时，可以通过视频云计算的应用对学校特色课程进行直播和录播，并将信息储存至流存储服务器上，便于长时间和多渠道地享受教育成果。

2．M2M

M2M（Machine to Machine）是将数据从一台终端传送到另一台终端，也就是就是机器与机器的对话。M2M 是物联网的雏形，是物联网在现阶段的主要形式。M2M 以设备通信控制为核心，将原来低效率或甚至不可能的信息传输应用于商业中，以获得更强的竞争力。M2M 的商务模式主要有移动物流管理、移动支付（M－POS)、移动监控（M－monitoring）等。

M2M 系统构成如图 1-16 所示。

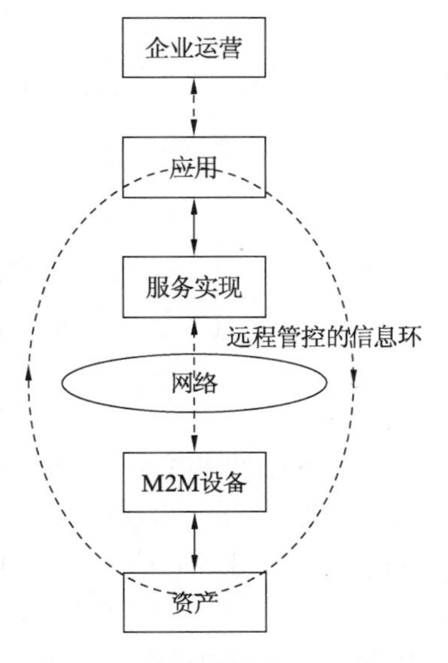

图 1-16　通用的 M2M 系统结构

实现 M2M 的第一步就是从机器/设备中获得数据，然后把它们通过网络发送出去，实现服务。其中，M2M 硬件是使机器获得远程通信和联网能力的部件，主要分为嵌入式硬件、可组装硬件、调制解调器、传感器、识别标识 5 种；通信网络在整个 M2M 技术框架中处于核心地位，包括广域网（无线移动通信网络、卫星通信网络、Internet、公众电话网）、局域网（以太网、无线局域网 WLAN、Bluetooth）、个域网（ZigBee、传感器网络）；

网络运营商和网络集成商，尤其是移动通信网络运营商，在推动 M2M 技术应用方面起着至关重要的作用。

M2M 在现代社会的不同领域具有不同的应用价值，主要表现在智能抄表、智能交通、安防监控、车载及自动售贩机等方面。随着移动通信技术向 5G 的演进，必定将 M2M 应用带到一个新的境界。

3. 中间件

在众多关于中间件的定义中，比较普遍被接受的是 IDC 的表述：中间件是一种独立的系统软件或服务程序，分布式应用软件借助这种软件在不同的技术之间共享资源，中间件位于客户机服务器的操作系统之上，管理计算资源和网络通信。

IDC 对中间件的定义表明，中间件是一类软件，而非一种软件；中间件不仅仅实现互联，还要实现应用之间的互操作；中间件是基于分布式处理的软件，最突出的特点是其网络通信功能。中间件是位于平台（硬件和操作系统）和应用之间的通用服务，如图 1-17 所示，这些服务具有标准的程序接口和协议。针对不同的操作系统和硬件平台，它们可以有符合接口和协议规范的多种实现。

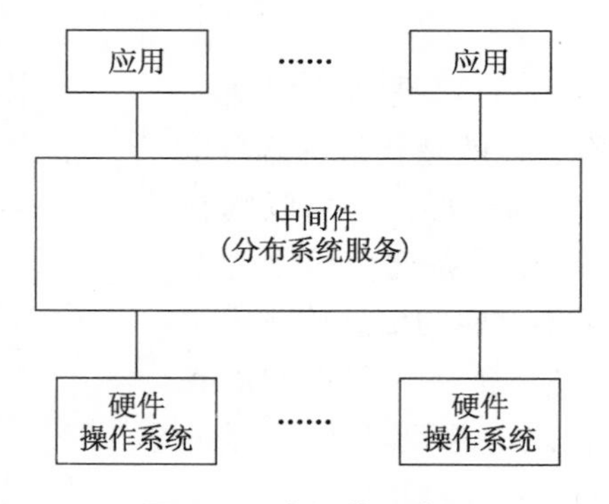

图 1-17　中间件示意图

中间件有两种模式，一种是介于操作系统与应用软件之间，另一种是介于硬件和应用软件中间，发挥支撑和信息传递的作用。第一种模式中，中间件能管理计算机资源和网络通信，将操作系统与应用软件连接起来，实现信息传递和交互。另一种模式中，中间件将管理集成硬件设备，将硬件数据信息集成并上传给应用软件，实现沟通交互。两种模式中，中间件都可以向下集成处理，向上直接为系统软件提供数据等资源。

中间件通过网络互联、数据集成、应用整合、流程衔接、用户互动等形式，已经成为大型网络应用系统开发、集成、部署、运行与管理的关键支撑软件。随着中间件在我国信息化建设中的广泛应用，中间件应用需求也表现出一些新的特点：

① 可成长性。Internet是无边界的，中间件必须支持建立在Internet之上的网络应用系统的生长与代谢，维护相对稳定的应用视图。

② 适应性。环境和应用需求不断变化，应用系统需要不断演进，作为企业计算的基础设施，中间件需要感知、适应变化，提供对下列环境的支持：支持移动、无线环境下的分布应用，适应多样性的设备特性及不断变化的网络环境；支持流媒体应用，适应不断变化的访问流量和带宽约束。

③ 在DRE（Distributed Real-time Embedded）环境下，适应强QoS（服务质量）的分布应用的软硬件约束；能适应未来还未确定的应用要求。

④ 可管理性。领域问题越来越复杂、IT应用系统越来越庞大，其自身管理维护则变得越来越复杂，中间件必须具有自主管理能力，简化系统管理成本。面对新的应用目标和变化的环境，支持复杂应用系统的自主再配置；支持复杂应用系统的自我诊断和恢复；支持复杂应用系统的自主优化；支持复杂应用系统的自主防护。

⑤ 高可用性。提供安全、可信任的信息服务；支持大规模的并发客户访问；提供99.99%以上的系统可用性。

中间件在物联网方案中的作用如下：

① 屏蔽异构型。异构型表现在计算机软硬件之间的异构型，包括硬件、操作系统、数据库等。造成异构的原因多来自市场竞争、技术升级及保护投资等。

② 实现互操作。在物联网中，同一个信息采集设备所采集的信息可能要供给多个应用系统，不同的应用系统之间的数据也需要共享和互通。

③ 数据的预处理。物联网的感知层将采集海量的信息，如果把这些信息直接输送给应用系统，那么应用系统处理这些信息将不堪重负，应用系统想要得到的并不是原始数据，而是综合性信息。

物联网中典型的中间件有RFID中间件，传感网网关/传感网节点/传感网安全中间件，还有其他嵌入式中间件，M2M中间件等。

1.5　物联网的应用

1.5.1　物联网的应用规模

物联网作为信息通信技术的典型代表，在全球范围内呈现加速发展的态势，可穿戴设备、智能家电、自动驾驶汽车、智能机器人等设备与应用的发展促使数以百亿计的新设备接入网络，万物互联的时代正在加速来临。到2025年，全球物联网设备基数预计将达到754亿台，较2017年的200亿台左右，复合增长率达17%。从连接形式上，将由目前主导的手机与其他消费终端连接方式，转变为工业及机器设备间的连接（M2M）。预计到2020年，M2M的设备连接将占所有设备连接基数的46%，同时其数量在2015—2020年间增长2.5倍。万物互联在推动海量设备接入的同时，将在网络中形成海量数据，预计2020年全球联网设备带来数据将达到44ZB，物联网数据价值的发掘将进一步推动物联网应用的爆发式增长，促进生产生活和社会管理方式不断向智能化、精细化、网络化方向转变。由此可见，相较于其他技术，物联网对互联网应用终端的影响是最深刻而最具有冲击力的。从图1-18中可以看出全球物联网设备基数正以非常快的速度逐年增长，预计到2020年，全球物联网设备基数将达到307亿台。

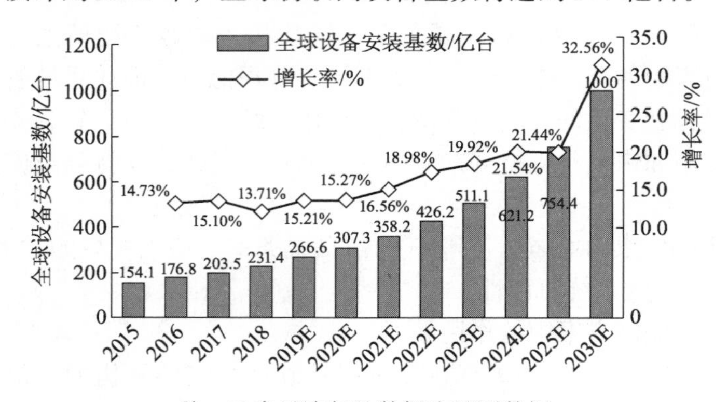

注：E表示该年的数据为预测数据

图1-18　2015－2030年全球物联网设备基数

（数据来源：公开资料整理）

1.5.2　物联网的应用领域

物联网的应用领域非常广泛，可以说已经渗透到人们生活的各个方面，限于篇幅原因，本节选取了其中几个物联网应用最为广泛的领域进行介绍。

1. 智能电网

将物联网应用在传统电网所形成的智能电网完全可以覆盖现有的电力基础设施，可以分别在发电、配送和消耗环节测量能源，然后在网络上传输这些测量结果。智能电网可以自动优化相互关联的各个要素，实现整个电网更好的供配电决策。对于电力用户，通过智能电网可以随时获取用电价格（查看用电记录），根据了解到的信息改变用电模式；对于电力公司，可以实现电能计量的自动化，通过实时监控，实现电能质量监测、降低峰值负荷，整合各种能源，以实现分布式发电等一体化高效管理；对于政府和社会，则可以及时判断浪费能源设备，以及决定如何节省能源、保护环境，最终实现更高效、更灵活、更可靠的电网运营管理，进而达到节能减排和可持续发展的目的。

物联网可以应用于智能电网的各个方面。可在一般家庭传感器网络协议来使用智能家居服务系统，它提供了智能家电控制、万用电表抄表、电力消耗（包括电、天然气、水、热等）的讯息收集、家里的敏感负载监控和控制、再生能源的存取、用户互动、讯息服务等。它也可以采取开发一般性平台，在研究无线传感器、电源线通讯、电源线复合电缆上，和下一代宽带无线通信的整合网络技术同时进行。

2. 智能交通

通过物联网可将智能与智慧注入城市的整个交通系统，包括街道、桥梁、交叉路口、标识、信号、收费等。通过采集汇总地埋感应线圈、数字视频监控、车载GPS、智能红绿灯、手机信令等交通信息，可以实时获取路况信息并对车辆进行定位，从而为车辆优化行程，避免交通拥堵现象，选择泊车位置。交通管理部门可以通过物联网技术对出租车、公交车等公共交通进行智能调度和管理，对私家车辆进行智能诱导，以控制交通流量，侦察、分析和记录违反交通规则行为，并对进出高速公路的车辆进行无缝检测、标识和自动收取费用，最终提高交通通行能力。目前在上海，由道路传感器实时采集数据并送入控制中心的模型中，预测未来的交通情况的准确性已达到90%。未来，通过物联网技术将实现车辆与网络相连，使城市交通变得更加聪明和智慧。智能交通将减少拥堵、缩减油耗和二氧化碳排放，改善人们的出行，提高人们的生活质量。

3. 智能物流

智能物流就是利用条形码、射频识别技术、传感器、全球定位系统等先进的物联网技术通过信息处理和网络通信技术平台广泛应用于物流业运输、仓储、配送、包装、装卸等基本活动环节，实现货物运输过程的自动化运作和高效率优化管理，提高物流行业的服务水平，降低成本，减少自然资源和社会资源消耗。物联网为物流业将传统物流技术与智能化系统运作管理相结合提供了一个很好的平台，进而能够更好更快地实现智能物流的信息化、智能化、自动化、透明化、系统化的运作模式。智能物流在实施的过程中强调的是物流过程数据智慧化、网络协同化和决策智慧化。智能物流在功能上要实现6个“正确”，即正确的货物、正确的数量、正确的地点、正确的质量、正确的时间、正确的价格，在技术上要实现物品识别、地点跟踪、物品溯源、物品监控、实时响应。

如果考虑在货物或集装箱上加贴RFID电子射频标签，同时在仓库门口或其他货物通道安装RFID识别终端，就可以自动跟踪货物的入库和出库，识别货物的状态、位置、性能等参数，并通过有线或无线网络将这些位置信息和货物基本信息传送到中心处理平台。通过该终端的货物状态识别，可以实现物流管理的自动化和信息化，改变人工识别盘点和识别方式，使物流管理变得非常顺畅和便捷，从而大大提高物流的效率和企业的竞争力。

不仅如此，智慧的物流通过使用搜索引擎和强大的分析可以优化从原材料至成品的供应链。帮助企业确定生产设备的位置，优化采购地点，制定库存分配战略，实现真正端到端的无缝供应链。这样就能提高企业控制力，同时还能减少资产消耗、降低成本（交通运输、存储和库存成本），也能改善客户服务（备货时间、按时交付、加速上市）。

4. 智能家居

智能家居利用先进的计算机、网络通信、自动控制等技术，将与家庭生活有关的各种应用有机地结合在一起，通过综合管理，让家庭生活更舒适、安全、有效和节能。智能家居不仅具有传统的居住功能，还能提供舒适安全、高效节能、具有高度人性化的生活空间；将被动静止的家居设备转变为具有“智慧”的工具，提供全方位的信息交换功能，帮助家庭与外部保持信息交流畅通，优化人们的生活方式，帮助人们有效地安排时间，增强家庭生活的安全性，并为家庭节省能源费用。智能家居分为狭义智能家居与广义智能家居。

狭义智能家居是各类消费类电子产品、通信产品、信息家电及智能家居等通过物联网进行通信和数据交换，实现家庭网络中各类电子产品之间的“互联互通”，从而实现随时随地对智能设备的控制。例如，家庭环境系统检测到室内湿度太高，它会配合启动空调采取除湿措施；厨房的油烟浓度过高，它会启动抽油烟机；天气骤然降雨或外面噪声过大，它会自动关闭窗户；太阳辐射较大，它会自动关闭窗帘。

广义智能家居指智能社区建设，主要是以信息网、监控网和电话、电视网为中心的社区网络系统，通过高效、便捷、安全的网络系统实现信息高度集成与共享，实现环境和机电设备的自动化、智能化监控。智能社区可以通过社区综合网络进行暖通空调、给排水监控、公共区照明、停车场管理、背景音乐与紧急广播等物业管理，以及门禁系统、视频监控、入侵报警、火灾自动报警、消防联动等社区的安全防范。

5. 食品安全控制

食品安全是国计民生的重中之重。通过标签识别和物联网技术，可以随时随地对食品生产过程进行实时监控，对食品质量进行联动跟踪，对食品安全事故进行有效预防，极大地提高食品安全的管理水平。

6. 零售

RFID 取代零售业的传统条码系统（Barcode），使物品识别的穿透性（主要指穿透金属和液体）、远距离，以及商品的防盗和跟踪有了极大改进。

7．防入侵系统

通过成千上万个覆盖地面、栅栏和低空探测的传感节点，防止入侵者的翻越、偷渡、恐怖袭击等攻击性入侵。上海机场和上海世界博览会已成功采用了该技术。

8．智能仓储

智能仓储是物流过程的一个环节，智能仓储的应用，保证了货物仓库管理各个环节数据输入的速度和准确性，确保企业及时准确地掌握库存的真实数据，合理保持和控制企业库存。比如利用 SNHGES 系统的库位管理功能，可以及时掌握所有库存货物当前所在位置，有利于提高仓库管理的工作效率。RFID 智能仓储解决方案，还配有 RFID 通道机、查询机、读取器等诸多硬件设备可选。

9．智能农业

在农业领域，物联网的应用非常广泛，如监测地表温度、家禽的生活情形、农作物灌溉情况、土壤酸碱度变化、降水量、空气、风力、氮浓缩量、土壤的酸碱性等，进行合理的科学估计，为农民在减灾、抗灾、科学种植等方面提供很大的帮助，完善农业综合效益。

1.6　本章小结

泛在电力物联网究其根本是一种物联网，因此有必要首充分了解物联网的相关知识。本章主要介绍了物联网的定义和特点、发展现状、标准化概况、层次结构及应用。在物联网的层次结构部分，重点阐述了物联网每个层次对应的关键技术，这些关键技术对于物联网的运行至关重要，是物联网建设的基础，同样也适用于泛在电力物联网的建设，所不同的是泛在电力物联网更加注重大数据技术的运用，相关内容将在后续章节中阐述。

第2章　物联网与智能电网

泛在电力物联网是以电网为枢纽来进行构建的，要建设好泛在电力物联网，第一步就是把电网建设好。随着现代通信信息、智能控制等技术在电力工业中的深度应用，电网由单一的输电物理载体功能逐步扩展到促进能源资源优化配置、引导能源生产和消费布局、保障电力系统安全稳定运行及电力市场运营等多项功能。电网的发展方向反映了电力工业自身需求、各行各业的共同需求及其相互作用。建设可靠高效的电网，是保障国家能源安全和经济社会全面协调可持续发展的必然要求。

本章首先介绍了智能电网的概念与其在各国的发展现状，并引出了中国特色智能电网——坚强智能电网，接着对智能电网中的物联网技术进行了阐述，最后列举了我国智能电网的成功案例。

2.1　智能电网概述

2.1.1　智能电网的含义、发展目标及功能优势

1. 智能电网的含义

智能电网（Smart Grid），最早出自美国未来能源联盟智能电网工作组在2003年6月份发表的报告。报告将智能电网定义为“集成了传统的现代电力工程技术、高级传感和监视技术、信息与通信技术的输配电系统，具有更加完善的性能并且能够为用户提供一系列增值服务。”在此之后，陆续有一些文章、研究报告提出智能电网的定义，还有的给出类似的称谓，如IntelliGrid、Modern Grid（现代电网）。尽管这些定义、称谓在具体的表述上有所不同，但其基本含义与以上给出的定义是一致的。简单来说，智能电网是以物理电网为基础（中国的智能电网以特高压电网为骨干网架、各电压等级电网协调发展的坚强电网为基础），将先进的传感测量技术、通信技术、信息技术、计算机技术和控制技术与物理电网高度集成形成的新型电网，如图2-1所示。

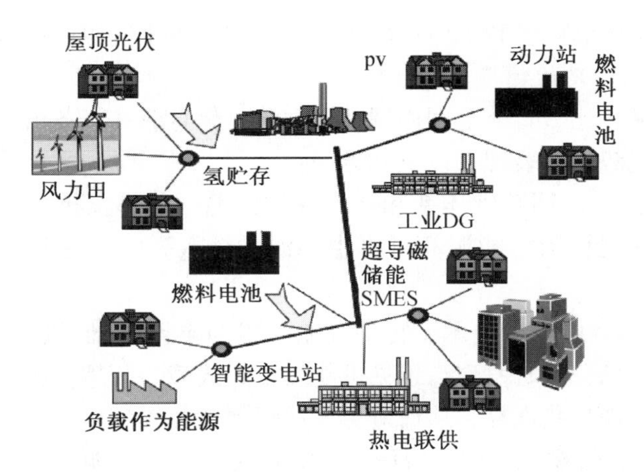

图 2-1　智能电网

“智能”二字，很容易使人认为智能电网是一个属于二次系统自动化范畴的概念。事实上，智能电网是未来先进电网的代名词，我们可从技术组成和功能特征两方面来理解它的含义。

① 从技术组成方面讲，智能电网是集计算机、通信、信号传感、自动控制、电力电子、超导材料等领域新技术在输配电系统中应用的总和。这些新技术的应用不是孤立的、单方面的，不是对传统输配电系统进行简单的改进、提高，而是从提高电网整体性能、节省总体成本出发，将各种新技术与传统的输配电技术有机地融合，使电网的结构及保护与运行控制方式发生革命性的变化。

② 从功能特征上讲，智能电网在系统安全性、供电可靠性、电能质量、运行效率、资产管理等方面较传统电网有着实质性的提高；支持各种分布式发电与储能设备的即插即用；支持与用户之间的互动。

2. 智能电网的发展目标

① 实现电网运行的可靠。智能电网必须更加可靠，即除非遇到特别大的灾难，否则智能电网应不管用户在何时何地，都能提供可靠的电力供应。

② 实现电网运行的安全。智能电网能够经受物理的和网络的攻击而不会出现大面积停电或者不会付出高昂的恢复费用，智能电网更不容易受到自然灾害的影响。

③ 实现电网经济运行。智能电网运行在供求平衡的基本规律之下，价格公平且供应充足。智能电网必须更加高效地利用投资，控制成本，减少电力输送和分配的损耗，电力生产和资产利用更加高效。通过控制潮流的方法，提高电网运行经济性并减少输送功率拥堵。

④ 环境友好。智能电网通过在发电、输电、配电、储能和消费过程中的创

新来减少对环境的影响，智能电网应进一步扩大可再生能源的接入。

3. 智能电网的功能优势

与现有电网相比，智能电网体现出电力流、信息流和业务流高度融合的显著特点，其功能优势主要表现在以下几方面：

① 具有坚强的电网基础体系和技术支撑体系，能够抵御各类外部干扰和攻击，能够适应大规模清洁能源和可再生能源的接入，电网的坚强性得到巩固和提升。

② 信息技术、传感器技术、自动控制技术与电网基础设施有机融合，可获取电网的全景信息，及时发现、预见可能发生的故障。故障发生时，电网可以快速隔离故障，实现自我恢复，从而避免大面积停电的发生。

③ 柔性交/直流输电、网厂协调、智能调度、电力储能、配电自动化等技术的广泛应用，使电网运行控制更加灵活、经济，并能适应大量分布式电源、微电网及电动汽车充放电设施的接入。

④ 通信、信息和现代管理技术的综合运用，将大大提高电力设备使用效率，降低电能损耗，使电网运行更加经济和高效。

⑤ 实现实时和非实时信息的高度集成、共享与利用，为运行管理展示全面、完整和精细的电网运营状态图，同时能够提供相应的辅助决策支持、控制实施方案和应对预案。

⑥ 建立双向互动的服务模式，用户可以实时了解供电能力、电能质量、电价状况和停电信息，合理安排电器使用；电力企业可以获取用户的详细用电信息，为其提供更多的增值服务。

由于智能电网包含内容较多，各电网和设备厂家都要根据实际情况，采用总体规划、分步实施的策略，逐步实现智能电网。

2.1.2 国外智能电网的发展概况

1. 美国

智能“自愈”电网的概念发源于美国电力基础设施战略防护系统，该系统采用3层Multi-Agent结构：底层为反应层（包括发电和保护）；中层为协作层（包括事件/警报过滤、模型更新、故障隔离、频率稳定、命令翻译）；高层为认知层（事件预测、脆弱性评估、隐藏故障监视、网络重构、恢复、规划、通信）。

2002年美国电科院（EPRI）开展能源和通信系统框架整合项目研究，18个月后，项目正式命名为智能电网框架，这是世界上第一个智能电网框架研究。

2005年美国能源部的电力传输、能源可靠办公室和国家能源技术实验室成立了现代电网项目（Modern Grid Initiative，MGI）以促进美国输配电网络的现代化，其中对未来电网特征进行了总结，包括：主动智能防御；用户主动参与的需求侧响应；自恢复的抗攻击和自然灾害能力；不同价格水平的供电质量；适应分布式发电、储能的“即插即用”系统接入，方便可再生能源的接入；更充分的安全可靠电力市场运行；更广泛的电网运行量测，更有效的资产和费用管理；方便简单的维护。

2008年美国科罗拉多州的波尔得（Boulder）成为全美第一个智能电网城市，每户家庭都安排了智能电表，人们可以很直观地了解当时的电价，此外电表还可以帮助人们优先使用风电、太阳能等清洁能源，一旦有问题出现，可以重新配备电力。

2008年9月，谷歌（Google）与通用电气对外宣布共同开发清洁能源业务，核心是为美国打造国家智能电网。2009年2月10日，谷歌已开始测试名为谷歌电表（PowerMeter）的用电监测软件。谷歌还向美国议会进言，要求在建设智能电网时采用非垄断性标准。

2009年美国原总统奥巴马上任伊始，提出了以智能电网为核心的美国能源战略，把减少碳排放作为国家战略，逐步建立碳排放交易体系，实施温室气体总量控制。2009年4月16日，美国政府公布智能电网技术投资计划，希望推动智能电网的开发。

美国智能电网的发展目标分为三大步，并力争在2030年实现以下发展目标：

① 电网用户端与低压配网智能化建设；

② 推行可再生能源和分布式电源系统的集成技术与电力储能技术；

③ 发展高温超导电网。

2. 欧洲

欧洲各国电网运行模式不同，节能减排、环保统筹和低碳经济是欧洲智能电网的主要动因，因此欧洲对智能电网的研究重点是可再生能源和分布式能源的发展，并带动整个行业发展模式的转变。

意大利的部分电网已于2001年率先实现电网智能化。2008年7月1日，由意大利电力公司牵头负责，欧盟11个国家的25个合作伙伴联合承担的ADRESS项目启动，该项目的目的就是开发互动式配电能源网络，实现主动式需求，即居民及小商业用户主动参与到电力市场及电力服务中。该项目投入21亿欧元。安装该系统后，每年节约5亿欧元，实际管理线损由3%降低到1%。

法国电网公司在智能电网方面也开始了研究及实施工作，计划2020年风电装机容量达到20 GW。法国电网公司选择和阿海珐（AREVA）旗下的输配电公司T&D合作发展智能型风力发电网络。

西班牙电力公司在智能电网开展的工作包括智能城市和自动抄表工作两个方

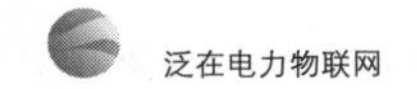

面，主要是为了满足太阳能等分布式能源接入，以及适应西班牙政府在2007年8月提出的所有的配网运营商都必须有自动抄表管理系统运行这一要求。

2009年6月8日，荷兰首都阿姆斯特丹宣布选择埃森哲公司帮助其完成第一个欧洲“智能城市（Smart City）”计划。该项“智能城市”计划包括可再生能源使用、下一代节能设备、消减CO_2的排放量等内容。与其他城市需要花费数十年来升级其基础设施不同，阿姆斯特丹计划在2012年即完成第一轮投资，使它成为率先且被最广泛接受“智能城市”概念的地区之一。

德国法律规定，从2010年起，新建、改建房屋必须加装智能电表；到2010年，可再生能源比例达到20%。

瑞典已经100%完成了智能电表的安装。西门子（Siemens）公司对智能电网的研究将整合分布式电源和各种储能元件，实现厂站自动化、表计智能化、负荷可控化和储能设备自动化，并通过IP/以太网实现电网各成员间的通信网络，具有自适应、自优化和自愈功能，为用户提供安全可持续和高效率的电力供应。西门子公司在丹麦投入运行的风电接入控制系统可以使风电接入得到有效控制，并参与电网的调频，对电网的影响从负面转向正面。将风电由不可控、不可调节调节成可控、可调节的电力，实现了将风电按照电网的需求来发电，不仅考虑风电机组的最大效益，而且实现了机网的最大程度协调。

未来（2020年以后）的欧洲电网将会满足如下需求：

① 灵活性。在适应未来电网变化与挑战的同时，满足用户多样化的电力需求。

② 可接入性。使所有用户都可接入电网，尤其是推广用户对可再生、高效、清洁能源的利用。

③ 可靠性。提高电力供应的可靠性与安全性以满足数字化时代的电力需求。

④ 经济性。通过技术创新、能源有效管理、有序市场竞争及相关政策等提高电网的经济效益。

3. 亚洲

日本政府为了实现低碳社会，于2009年3月公布了包括推动普及可再生资源、次世代汽车等政策在内的政府发展战略原案。该原案主要涉及太阳能发电世界第一节能计划、快速普及生态汽车、低碳物流社会、实现资源大国计划等。目前，日本东京电力公司的电网被认为是世界上唯一接近于智能电网的系统。日本东京电力公司通过光纤通信网络，正在逐步实现对系统范围内6 kV中压馈线的实时量测和自动控制（每分钟采样1次）。

2009年3月27日，韩国政府宣布，计划在2011年前建立一个智能电网综合性试点项目。韩国知识经济部认为这种电网能将普通电线和IT技术、卫星通信系统结合起来，可实时监控电力需求和输出。韩国知识经济部还大力推进利用 IT 技术将电力网智能化、商用化。韩国知识经济部决定，2009—2012 年，投入 2547 亿韩元开发商用化技术，并将名称定为“绿色电力 IT”。电力 IT 的主要技术包括智能型能源管理系统、基于 IT 的大容量电力输送控制系统、智能型送电网络监视及运营系统、能动型远程信息处理和电力设备状态监视系统、电线通信普及技术等。

2.1.3 坚强智能电网

1. 坚强智能电网的提出

2002 年底，我国电力体制实现了厂网分开。当时，由于经济高速发展带来的电力需求快速增长，我国正在经历多年的持续缺电。为了缓解供电紧张，大批电源项目纷纷上马，超过 70% 的行业固定投资流向电厂建设。长期以来形成的“重发轻供不管用”投资倾向，致使电网发展滞后问题突出，已经严重制约电力跨区供应及电源的及时送出，成为影响全国电力总体供应能力的重大瓶颈。在此背景下，国家电网公司全面分析我国电网发展面临的形势，明确提出了建设以特高压电网为骨干网架、各级电网协调发展的坚强的国家电网。

“建设坚强电网”这一重大战略对于近年来的电网发展起到了重要作用。随着三峡输变电工程、特高压工程等跨区联网工程的建设，除我国台湾等地区外，全国联网格局初步形成。全国联网有力地支持了国家西部大开发和西电东送战略的实施，极大地缓解了部分地区的用电紧张状况，促进了电力行业整体投资效益的提升。

2. 坚强智能电网的战略框架

坚强智能电网的战略框架可总结为“一个目标、两条主线、三个阶段、四个体系、五个内涵、六个环节”，如图 2-2 所示。一个目标，即建设坚强智能电网；两条主线，即技术、管理；三个阶段，即 2009—2010 年为试点研究阶段、2011—2015 年为建设完成阶段、2016—2020 年为改进阶段；四个体系，即基础系统、技术支持系统、智能应用系统、标准和规范系统；五个内涵，即坚强可靠、经济高效、清洁环保、透明开放、友好互动；六个环节，即发电、输电、变电、配电、用电、调度。

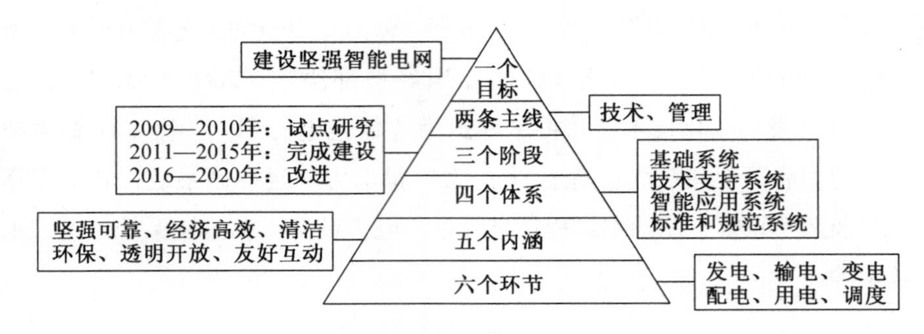

图 2-2　坚强智能电网的战略框架

3. 坚强智能电网的技术标准体系

坚强智能电网的技术标准体系由 8 部分组成，如图 2-3 所示。

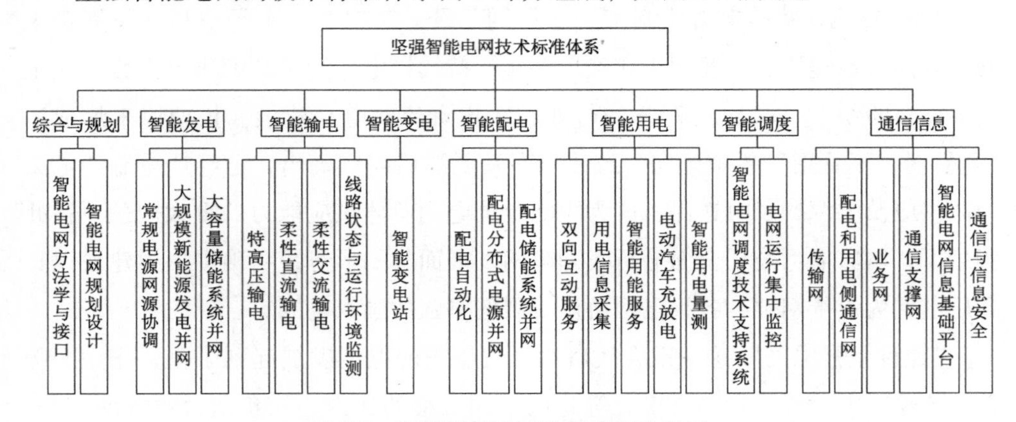

图 2-3　坚强智能电网的技术标准体系

（1）综合与规划

① 智能电网方法学与接口：智能电网方法学是智能电网总体规划和发展的思想方法，智能电网各环节接口是能源系统和信息系统之间、电力系统与用户/用电设备之间的互操作性规范。本技术领域包括智能电网术语与方法学、智能电网各环节接口 2 个标准系列。

② 智能电网规划设计：在原电网规划技术导则、安全稳定标准、电力系统分析计算规范等基础上补充修订电网智能化的相关内容。本技术领域包括智能输电网规划设计、智能配电网规划设计 2 个标准系列。

（2）智能发电

① 常规电源网源协调：主要指常规电源涉网保护和控制技术、传统机组的调频调压等控制技术、高频低频切机等保护技术。本技术领域包括网源协调技术、网源协调试验 2 个标准系列。

② 大规模新能源发电并网：为保证大规模新能源接入后电力系统的安全稳定运行，促进电网和新能源协调发展，需要制定坚强智能电网接纳大规模新能源并网方面的标准。本技术领域包括大规模新能源接入电网、大规模新能源发电并网特性测试、大规模新能源发电并网运行控制、大规模新能源发电监控系统及监控设备等 5 个标准系列。

③ 大容量储能系统并网：大容量储能技术是提高电网接纳间歇式电源的重要途径，将在坚强智能电网中获得广泛应用。本技术领域包括大容量储能系统接入电网、大容量储能系统并网特性测试、大容量储能系统并网运行控制、大容量储能系统监控系统功能规范和监控设备等 5 个标准系列。

（3）智能输电

① 特高压输电：是坚强智能电网的核心技术之一。本技术领域包括特高压交直流设计、建设、运行、设备等 8 个标准系列。

② 柔性直流输电：在新能源并网、分布式电源并网、孤岛供电等方面将获得广泛应用。本技术领域包括柔性直流输电技术导则、柔性直流输电建设、柔性直流输电运行控制、柔性直流输电设备等 4 个标准系列。

③ 柔性交流输电：可以实现输配电系统的稳定性提高、可控性改善、运行性能和电能质量改善。本技术领域包括柔性交流输电技术导则、柔性交流输电系统建设标准、柔性交流输电系统运行控制标准和柔性交流输电设备标准等 4 个标准系列。

④ 线路状态与运行环境监测：为线路运行管理及维护提供信息化、数字化的共享数据，实现线路状态监测、线路运行环境监测和巡检技术的智能化。本技术领域包括监测系统建设及运行控制、监测设备 3 个标准系列。

（4）智能变电

智能变电站：是实现坚强智能电网的重要基础设施。本技术领域包括智能变电站技术导则、智能变电站建设、智能变电站运行控制、智能变电站自动化系统功能规范和智能变电站设备等 5 个标准系列。

（5）智能配电

① 配电自动化：除可以实现配电监控、馈线自动化、配电网分析应用等基本功能，还要支持配电网自愈控制、分布式电源/储能系统/微电网的接入、经济优化运行及其他新的应用功能。本技术领域包括配电自动化技术导则、配电自动化建设、配电自动化运行控制、配电自动化主站系统功能规范和配电自动化设备等 5 个标准系列。

② 分布式电源接入配电网：对配电运行管理提出了新的要求。本技术领域包括分布式电源接入配电网技术规定、分布式电源并网特性测试、分布式电源接

入配电网运行控制、分布式电源监控系统功能规范、分布式电源监控设备等5个标准系列。

③ 分布式储能系统接入配电网：储能系统接入配电网在提高电能利用效率及供电可靠性的同时，也将改变传统的供电方式。本技术领域主要包括分布式储能系统接入配电网技术规定、分布式储能系统并网特性测试标准、分布式储能系统并网运行控制、分布式储能系统监控系统的功能规范、分布式储能系统监控设备等5个标准系列。

（6）智能用电

① 双向互动服务：建设双向互动服务平台能更好地满足用户用电智能化、多样化的服务需求，提高供电应急处置能力。本技术领域包括双向互动服务平台的建设、运行管理，双向互动服务终端设备及系统3个标准系列。

② 用电信息采集：用电信息采集系统为智能用电服务提供可靠的基础数据支撑。本技术领域包括用电信息采集系统的建设、运行管理、用电信息采集终端设备及系统3个标准系列。

③ 智能用能服务：智能用能服务是对用户的用能情况进行实时监测，并根据用户的用能需求和能源供给情况，实现有序用电管理和能效管理智能化。本技术领域包括智能楼宇/小区的建设、运行管理、设备及系统3个标准系列。

④ 电动汽车充放电：电动汽车充放电设施可实现电动汽车与电网的双向能量转换，是坚强智能电网的重要组成部分。本技术领域包括电动汽车充放电设施的建设、运行管理、设备及系统3个标准系列。

⑤ 智能用电检测：建设手段完备、功能齐全的智能用电检测系统，可进一步完善智能用电检测体系，保证计量装置和用电装置的安全可靠运行。本技术领域包括智能用电检测系统的建设、运行管理、设备3个标准系列。

（7）智能调度

① 智能电网调度技术支持系统：按照层次结构分为基础信息标准和功能规范，功能规范又由基础平台和应用功能规范组成。本技术领域包括智能电网调度技术支持系统基础信息、基础平台功能规范、应用功能规范3个标准系列。

② 电网运行集中监控：变电和配电运行模式正在向集中监控和调控一体转变，需要制定相应的通信协议标准、集控中心体系结构规范、应用系统功能规范。本技术领域包括电网运行集中监控中心建设、运行、系统功能规范3个标准系列。

（8）通信信息

① 传输网：传输网承载的业务包括电力生产、管理、经营的各个层面，是坚强智能电网通信的基础。本技术领域包括传输网技术和电力特种光缆技术2个

标准系列。

② 配电和用电侧通信网：坚强智能电网要求配电和用电侧通信网承载更多的业务内容。本技术领域包括配电侧通信技术规范和用电侧通信技术规范 2 个标准系列。

③ 业务网：坚强智能电网中通信业务网对电力通信承载的保护、安控、计量等专用业务和对语音、数据、视频等通用业务的建设、运行管理、设备与材料提出了新要求。本技术领域包括专用业务通信技术和通用业务通信技术 2 个标准系列。

④ 通信支撑网：本技术领域包括智能电网通信网管系统 1 个标准系列。

⑤ 智能电网信息基础平台：该平台为各专业分支的信息化提供服务支撑，涉及移动信息接入、数据传输、信息集成与交换、数据集中存储与处理、信息展现等方面。本技术领域包括移动作业平台规范、信息网络建设标准、智能电网一体化信息模型标准、企业级数据集中管理平台规范、电网空间信息服务平台标准等 5 个标准系列。

⑥ 通信与信息安全：通信安全是指电力通信网络的安全，重点关注物理层和链路层的安全；信息安全指信息资产安全，即信息及其有关载体和设备的安全。本技术领域包括通信网安全防护技术、信息系统与设备安全规范、信息技术安全性评估准则、信息安全管理体系等 4 个标准系列。

4. 坚强智能电网的建设概况

（1）智能电网综合试验检测能力建设

智能电网综合试验检测能力建设主要体现在国家电网公司现已建成 8 个综合试验检测能力分中心，分别为智能输变电技术分中心、柔性输电技术分中心、信息安全保障技术分中心、定制电力技术分中心、微电网技术分中心、能效测评技术分中心、储能技术分中心、智能用电技术分中心。

（2）特高压试验研究体系

特高压试验研究体系由“四基地、两中心”构成，如图 2-4 所示。国家电网公司现已建成四座特高压试验基地——特高压交流试验基地、特高压直流试验基地、高海拔试验基地、特高压工程力学试验基地；两个特高压试验中心——国家电网仿真中心、特高压直流输电成套设计研发（实验）中心。

特高压交流试验基地

特高压直流试验基地

国家电网仿真中心

高海拔试验基地

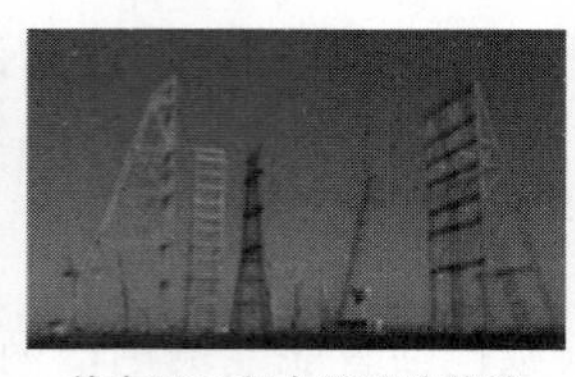

特高压工程力学试验基地

特高压直流输电成套设计研发（实验）中心

图 2-4　特高压试验研究体系

2.2　智能电网中的物联网技术

智能电网实现智能需要融合先进的设备、采集、通信、决策和控制技术，如图 2-5 所示。

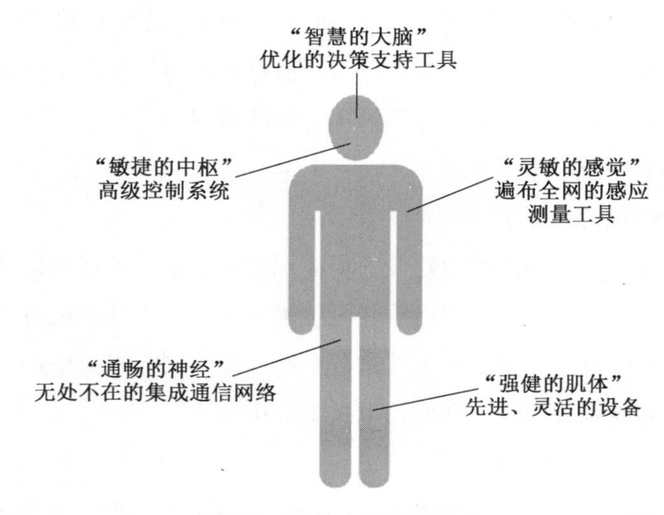

图 2-5　智能电网实现要素

2.2.1　信息感知技术

随着"十三五"期间智能电网的高速发展，物联网在电网建设、电网安全生产管理、运行维护、信息采集、安全监控、计量及用户交互等方面将发挥重大作用。传感器网络是智能电网信息感知末梢不可或缺的基础环节。电网中的传感器网络所用到的传感器大致分为三种：电网用传感器、环境传感器、设备传感器。

1. 电网用传感器

① 电压传感器（互感器）：与传统一致。

② 电流传感器（互感器）：全光 CT。

③ 相位：PMU，目前主要为广域测量系统服务，其用途正在挖掘中。

2. 环境传感器

风能、太阳能、电网设备热容量、电力设备老化、状态评估、外绝缘、覆冰等都与环境气象条件有关。

① 温度：会影响设备输送容量、外绝缘电阻，加速设备老化。常用的传感器有红外温度传感器、集成温度传感器。

② 湿度：会影响外绝缘电阻。常用的有湿度传感器。

③ 风参数：会影响风电预测、输送容量等。常用风力风向集成传感器、加速度风力传感器。

④ 日照强度：会影响外绝缘、输入容量。一般采用气象预报数据。

⑤ 雪：会影响设备覆冰、冰闪。一般通过间接计算获取数据。

3. 设备传感器

① 电网信息：电压、电流、相位 3 个参数即可计算电网容量、电能质量、谐波等数据，可以用于电网安全稳定、自动化、继电保护、故障定位等分析，且参数频率基本在 50 Hz 左右，容易测量。

② 设备信息：数量繁多，一是设备品种繁多，二是设备状态评估复杂，既有电量如电压、电流、功率，又有非电量如物质成分、机械参数、环境参数。此外，参数频率从直流可到 6 GHz，从微弱信号纳秒、纳伏、微安、PPM 到千伏、千安、秒量级，信号范围非常广。

2.2.2　信息传输技术

电力系统本质上是能量的传递过程，该过程由发电、输电、配电及用电 4 个环节构成。调度数据专网等电力专用通信网络已经覆盖了发电、输电、配电等环节，这些数据的传输有以下两个重点。

1. 层次模型

智能电网信息流的层次模型包括 4 个层次，即电网设备层、通信网架层、数据存储管理层、数据应用层。各个层次组成的信息支撑体系是坚强智能电网信息运转的有效载体，是坚强智能电网坚实的信息传输基础。信息支撑体系通过对电网基础信息分层分级的集成与整合，达到信息的纵向贯通和横向集成，为坚强智能电网提供可靠信息支撑。

电网设备层包括电网的各类需要信息传输和交换的元件和设备。

通信网架层利用通信网络将电网设备层的各类型设备连接成一个整体，其中网络方式较传统的其他方式具有连接简单、易维护等特点，在有线网络不易部署的地方可以采用无线方式或公开网方式，辅予合适的网络安全策略。

数据存储管理层提供数据的存储以及跨分区、跨系统的整合、集成、访问功能。智能电网的信息量将远大于现有电网，数据的有效存储是需要深入研究的一个问题。同时在已有信息化的基础上。完善异构系统之间的信息集成。信息的访问可以采用事件驱动或者小型总线的模式，避免数据的大量检索。

基于上述基础数据应用层实现智能电网的高级分析、控制等功能，标准体系贯穿信息流层次模式的各层级，保障设备的即插即用、信息的有效交换和传输内容的无二义理解，降低信息交换成本。

2. 信息网络

我国已建成先进可靠的电力通信网络，形成了以光纤通信为主，微波、载波、卫星等多种通信方式并存，分层分级自愈环网为主要特征的电力专用通信网络体系架构。在配电、用电领域，拥有电力负荷控制专用无线电频率（230 MHz）。开发了电力线通信（PLC）技术，应用于自动抄表、配网管理、用户双向通信等方面。目前，国家电网公司所辖全部网省公司 SG186 一体化平台一期工程已经全部完成，公司总部与网省公司实现了二级级联，总部、网省公司、地市（县）公司的三级贯通已经全面展开。

目前存在的主要问题包括：骨干网架仍不够坚强，难以完全满足调度数据网络第二平面建设的新要求：各级通信网络的资源整合和充分利用有待进一步加强；总体上呈“骨干网强、接入网弱”、“高（电压）端强，低端弱”的态势，配电、用电环节的通信水平相对输电网而言差距较大。

网络具有可靠性高、控制灵活、易于维护、扩展方便等众多适合智能电网控制的优点，可显著简化控制设备的连接方式，实现各种异构控制设备的网络集成和信息共享。然而电力系统是分布式、实时系统。各种控制设备的信息差异很大，通过网络传输控制信息将存在时延不确定、路径不确定、数据包丢失、信息因果性丧失等问题。可从电力系统信息的传输特性，网络对电网控制性能的影响、电网的通信系统体系结构的影响等方面入手，研究信息网络在智能电网应用的关键问题。如某项目侧重从电网公司角度对电网通信系统的体系结构进行研究。提出了电网分层次的通信体系结构，该结构分为厂站层、区域层和系统层

3层。

新技术在电网信息网络中应用，学科交叉历来是研究重点。密集波分复用技术（Dense Wavelength Division Multiplexing，DWDM）、下一代同步数字体系（Next Generation Synchronous Digital Hierarchy，NGSDH）、自动交换光网络（Automatically Switched Optical Network，ASON）已经在电网信息通信网络中应用。

电力系统的控制信息调度采用网络传输方式，属于动态调度。动态调度区别于静态调度，没有明确的任务周期。采用时延控制策略对同时到达交换机的电力系统保护信息流进行控制时无法确保端到端的响应时间要求，因此有必要研究新的信息流控制机制，提高电网信息调度的可控制性。

智能用电系统信息流程如图2-6所示。

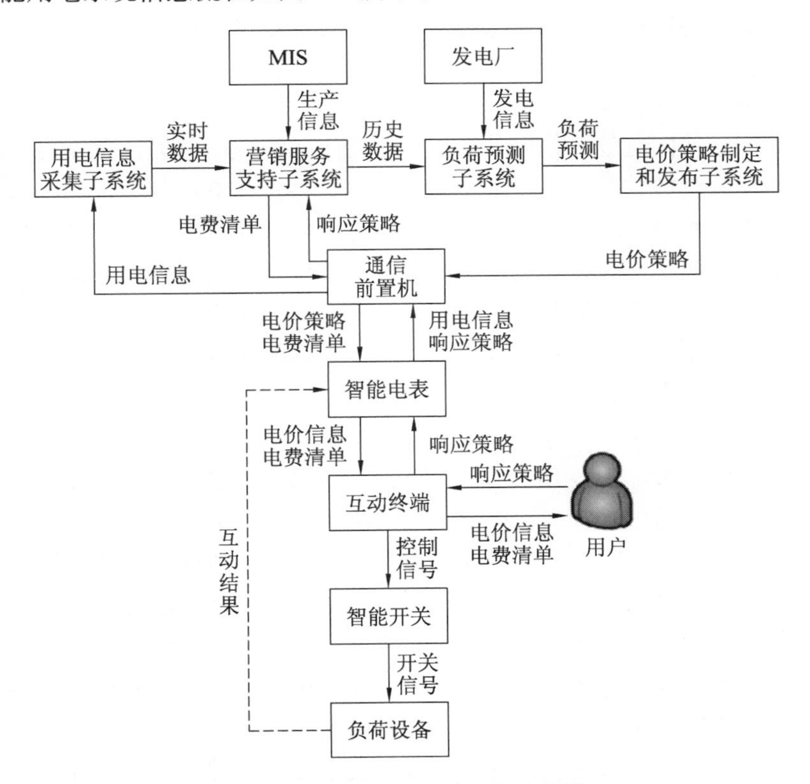

图2-6 智能用电系统信息流程图

2.2.3 信息处理技术

在智能电网进行数据计算期间，会通过大数据系统、智能电表及传感器等装置获取所需的数据，进而利用相应技术做好数据处理工作。当前，电网大数据系统包含的模块较多，在应用关键技术处理数据时需把握好各个模块的内容，从而保证云计算技术得到有效应用。模块主要为分布式系统基础框架、分布式文件系统模块、数据仓库系统、开发工具集等。具体的处理技术则包括如下内容。

1. 集成管理技术

在应用该项技术时，需采用数据抽取技术、数据清洗技术、数据过滤技术等对庞杂的电网数据做好基础的处理工作，借助集成管理技术抽取相关数据，并对所有数据信息进行集成、聚合处理，待全部数据处理完毕后，统计数据结果，并进行保存。在使用该技术时，须注意在数据集成前，要对其进行清洗处理，保证数据不存在失真或质量问题后方可进行后续的集成处理。

2. 传输、存储技术

在电网数据传输环节，在对电网系统的运行数据进行抽取与集成后，需传输所有数据，以此减轻电网监控系统的巨大工作压力，提高数据处理质量，并使用先进的传输技术，对庞杂且数量众多的数据加以压缩处理，以此在控制传输量的同时确保数据传输的有效性，提升数据传输的质量和效率，保证智能电网的数据处理能力，使大量的数据可在较小空间内有效保存。在电网数据存储环节，借助数据压缩传输技术可实现对大量数据的高质量传输，但在此期间不可避免会产生数据资源浪费问题。以往在存储数据时，基本采用分布式文件形式保存相关电网数据，存储的数量较多，但存储质量一般，尤其对非结构化数据无法起到良好的保存效果。而采用基于云计算的数据存储技术可以对大量的、非结构化数据，相对限制较少地进行存储，数据存储价值较高。

3. 数据分析、处理技术

在进行电网大数据分析时，需转换获取的数据，使之成为有效的信息或知识，便于工作人员通过这些知识做出正确的决策，且针对相关电网运行故障问题迅速地做出应对。该分析技术即是要在海量的电网运行数据中，找出规律性内容及电网能够正常运行的模式、状态，经过分析之后的数据信息之间存在着潜在的联系，工作人员通过把握用于表达此种联系的相关参数，便可为各项电网监督、管理工作的有序开展提供理论依据。当前，在应用基于云计算处理的大数据分析技术时，需要进一步优化将数据转化为有用信息的过程，加强聚类、分类以及并行算法的应用，从而对常规使用的数据分析技术施以合理的改进，保证电力企业能够在降低成本的基础上，采用新型数据技术开展大数据处理工作。

当前，电网大数据处理技术包括分布式、内存式与流处理式三种，不同的处理技术具有不同的特点与应用价值。其中，分布式计算技术在具体应用时能够对大数据进行切割处理，使其成为小数据，进而将小数据分配至各任务区，给予其针对性处理，且最终处理完毕的数据能够被有效保存在本地硬盘中。例如，

MapReduce 编程模型为此种技术应用较为成熟且广泛的模型，在实际的数据处理过程中，该模型会先对大量的数据进行分解处理，待分解完毕后即可按照 Map 任务区的划分结果对数据进行重新分配与处理，获取键值之后科学保存在本地硬盘中，并基于 Reduce 任务的需要，及时将数据再次输出。研究分布式计算技术应用情况后，了解到其在电力系统应用效果良好，可对大量分散数据进行快速有效的保存与输出，保证电力系统安全且可靠地运行。内存式处理技术的应用需要先构建内层，将电网运行数据全部放置其中，统一进行数据读写处理，与常规处理技术相比，磁盘读写操作时间大量缩短，处理效率显著提升。经过多年的发展及内存价格的控制，该技术的实际应用价值显著提高，国外大型数据库软件公司相继提出经优化处理后的内存式处理技术，有效解决以往处理数据时间过长、效率低等问题，数据处理分析的实时性较强，多数大数据处理计算单位可用秒来计算，在当前诸多领域的业务处理中应用效果显著、优势明显。流处理技术则是将全部数据视为“流”，要求能够对出现的电网数据进行随时处理，数据处理效率极高。

如果处理时间过长，数据信息具备的价值会相应降低，而依托该技术可实现对获取的实时数据的快速处理，且对电网监控系统的实时数据处理效果理想，便于工作人员获取电网运行的实时信息。同时，流处理技术在金融业务处理中的应用也有着极佳的效果，尤其在高频交易中，用户可借助该技术把握金融市场变化情况，更好地进行金融买卖交易。

4. 可视化处理技术

可视化处理技术在现阶段的智能化电网中已开始大量应用。在具体应用时，在控制中心处安装显示屏，保证电网运行质量监控系统的工作人员在工作中能够通过显示屏直接掌握电网的运行情况。电网运行中产生的数据信息多种多样，处理难度较大，但通过电网运行监控系统的显示屏，可及时进行数据信息的可视化传递与处理，便于工作人员随时获取电网运行的有效信息，并针对发生的电网故障问题，及时开展故障维修处理，保证电网供配电工作的正常进行。在可视化处理技术的未来发展中，要求研究人员准确把握电网环境的复杂性，加强对电网运行相关理论的学习，实现所学内容与可视化技术的充分融合，在结合发展的过程中，找出电网自动化运行内核与规律，方便电网企业技术人员更好地对电网布点、分区等多方面工作实施自动优化，在提升电网自动化的基础上增强电网运行质量和安全性。

2.3 中国智能电网的实践

2.3.1 特高压交直流示范工程

1. 1000 kV 晋东南—南阳—荆门特高压交流试验示范工程

1000 kV 晋东南—南阳—荆门特高压交流试验示范工程（见图2-7）起于山西晋东南（长治）变站，经河南南阳开关站，止于湖北荆门变电站。全线单回路架设，全长654 km，跨越黄河和汉江。变电容量6×10^6 kVA。系统标称电压1000 kV，最高运行电压1100 kV，静态投资约57亿元。这条线路于2006年8月开工建设，历经28个月建设完工。工程于2006年8月取得国家发展和改革委员会下达的项目核准批复文件，同年底开工建设，2008年12月全面竣工，12月30日完成系统调试投入试运行，2009年1月6日22时完成168小时试运行投入商业运行。

图2-7　1000 kV 晋东南—南阳—荆门特高压交流试验示范工程

2. 向家坝—上海±800 kV 特高压直流输电示范工程

向家坝—上海±800 kV 特高压直流输电示范工程（见图2-8）于2007年4月26日通过国家核准，起于四川宜宾复龙换流站，止于上海奉贤换流站，途经四川、重庆、湖北、湖南、安徽、浙江、江苏、上海等8个省市，四次跨越长江，线路全长1907 km，工程额定电压±800 kV，输送能力达700万千瓦级。

该工程由我国自主研发、自主设计和自主建设，是我国能源领域取得的世界级创新成果，代表了当今世界高压直流输电技术的最高水平。

特高压直流输电示范工程在世界范围内率先实现了直流输电电压和电流的双提升、输电容量和送电距离的双突破，它的成功建设和投入运行，标志着国家电网全面进入特高压交直流混合电网时代。

图 2-8　向家坝—上海 ±800 kV 特高压直流输电示范工程

3. 锦屏—苏南 ±800 kV 特高压直流输电工程

2012 年 12 月 12 日，由我国自主研发、设计、建设的四川锦屏—江苏苏南 ±800 kV 特高压直流输电工程（见图 2-9）全面完成系统调试和试运行，正式投入商业运行。

图 2-9　锦屏—苏南 ±800 kV 特高压直流输电工程

锦苏工程是目前世界上输送容量最大、送电距离最远、电压等级最高的直流输电工程，将特高压直流输送容量从 6.4×10^6 kW 提升到 7.2×10^6 kW，输电距离首次突破 2000 km，创造了特高压直流输电的新纪录。工程全面投运后，每年可向华东地区输送电量约 3.6×10^{11} kW · h，可解决四川电力“丰余枯缺”的结构性矛盾，满足东部地区经济社会持续发展用电需求，缓解日益严峻的生态环境问题，具有重大的经济效益和环保效益。在特高压直流示范工程基础上，首次实现了由国内负责特高压直流工程的成套设计，推动了民族装备制造业创新发展。

2.3.2　上海世博园智能电网综合示范工程

为配合 2010 年上海世博会的举办，上海市电力公司承担了国内首个智能电网综合示范工程——上海世博园智能电网综合示范工程的实施，成为国内智能电网工程的代表性实践。

上海世博园智能电网综合示范工程是对智能电网建设最新成果的全面集中展示，包括智能变电站、配电自动化系统、电能质量监测、故障抢修管理系统、储能系统、新能源接入、用电信息采集系统、智能楼宇/家居、电动汽车充放电站

9 个示范工程和智能电网调度技术支持系统展示、智能输电展示、信息平台展示、可视化展示 4 个演示工程。

上海世博园智能用电解决方案如图 2-10 所示。

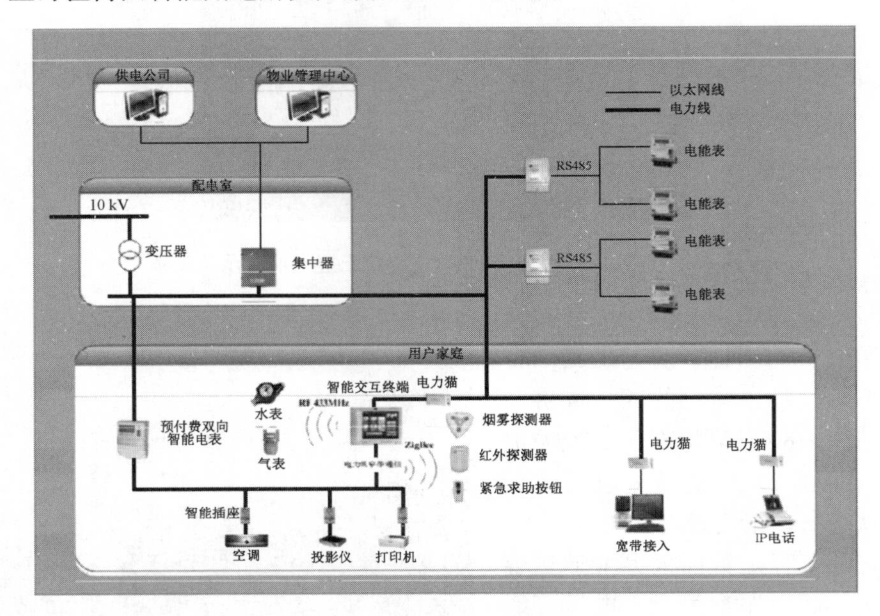

图 2-10　上海世博智能用电解决方案

2.3.3　电力用户用电信息采集系统工程

智能电网的建设能够有效提升电网运行的安全性与稳定性，促使电网的检修与维护工作更加便捷，是我国电力行业发展的主要趋势。在智能电网建设与运行过程中，需要对用户的用电信息进行采集、处理与分析，以根据用电实际状况不断优化电力系统，在保障电网企业与电力用户合法权益的同时，提升供电服务质量，满足社会日益增长的用电需求。

用电信息采集系统的应用，能够帮助工作人员及时获取用户的用电信息，在自动抄表、远程抄表、线损监管等工作中发挥关键作用。此外，随着绿色可持续发展理念的推行，用电信息采集系统能够促进阶梯电价方案的落实。用电信息采集系统的结构如图 2-11 所示。

用电信息采集系统的功能主要包括数据采集、数据管理、电网控制、线损分析和有序用电等。通过用电信息采集系统的应用，不仅能够避免传统数据采集过程中出现的人为失误，而且能够深入分析用电数据，为用户的用电提供合理建议，以满足用户的个性化用电需求。在智能电网建设与运营中，用电信息采集系统的应用必不可少。图 2-12 为电网与用户之间的信息传输示意图。

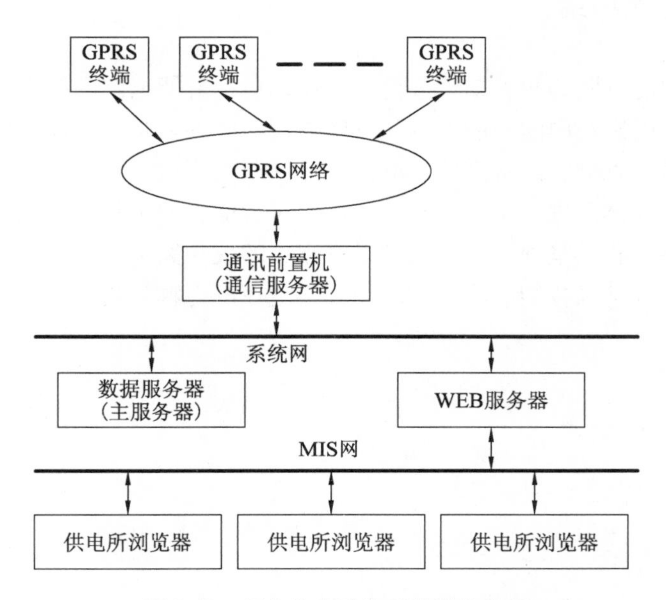

图 2-11　用电信息采集系统的结构图

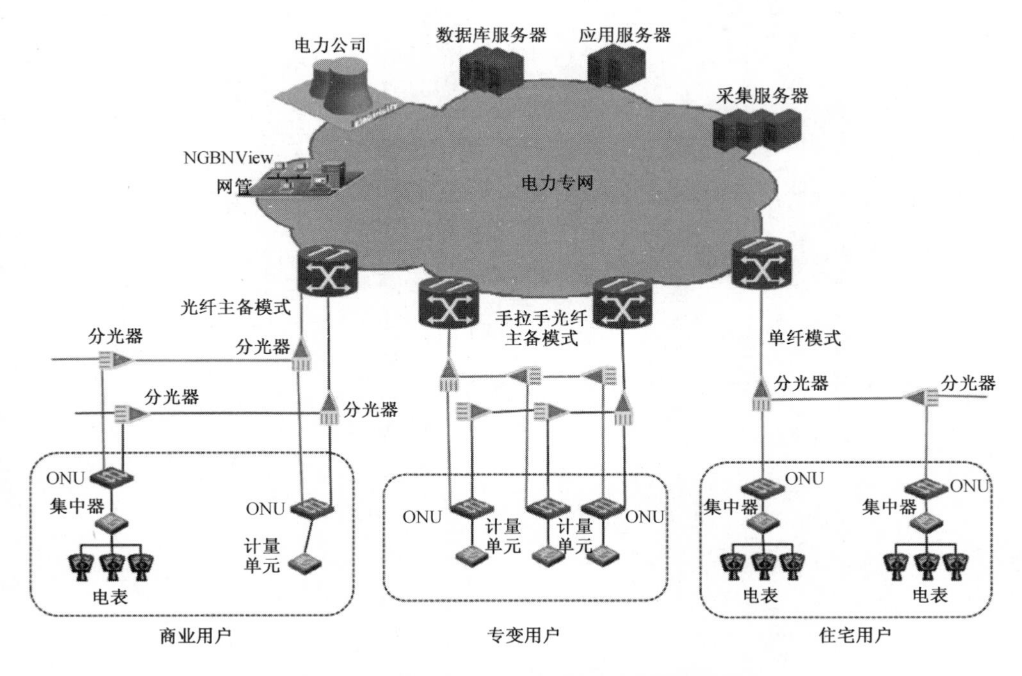

图 2-12　电网与用户之间的信息传输示意图

2.4 本章小结

本章对智能电网的相关知识进行了阐述，包括智能电网的概念及其在各国的发展现状，并引出我国的智能电网——坚强智能电网。坚强智能电网的五个内涵是其核心：坚强可靠、经济高效、清洁环保、透明开放、友好互动。对坚强智能电网的技术标准体系进行了重点阐述。接着对智能电网中的物联网技术进行了分析，最后列举了我国坚强智能电网建设过程中的成功案例。

只有建设好坚强智能电网，才能使其与泛在电力物联网深度融合，共建能源互联网。

第3章　泛在电力物联网概述

2019年国家电网公司“两会”做出全面推进“三型两网”建设，加快打造具有全球竞争力的世界一流能源互联网企业的战略部署，是网络强国战略在公司的具体实践，建设泛在电力物联网，为电网安全经济运行、提高经营绩效、改善服务质量，以及培育发展战略性新兴产业，提供强有力的数据资源支撑。

承载电力流的坚强智能电网与承载数据流的泛在电力物联网，相辅相成、融合发展，形成强大的价值创造平台，共同构成能源流、业务流、数据流“三流合一”的能源互联网，因此积极建设坚强智能电网与泛在电力物联网刻不容缓。

本章首先说明了泛在电力物联网的提出背景，对泛在电力物联网的概念进行了明确的阐述，然后指出其作用与特征，并且对泛在电力物联网的层次结构进行了详细的介绍，最后阐述了泛在电力物联网的商业模式架构与产业生态架构。

3.1　泛在电力物联网的提出

3.1.1　三型两网

作为保障国家能源安全、参与全球市场竞争的“国家队”，作为党和人民信赖依靠的“大国重器”，国家电网有限公司在日前召开的2019年工作会议提出“三型两网”建设目标，认真落实党中央、国务院决策部署，贯彻“三大改革”（国有企业改革、能源革命与供给侧改革、电力体制改革）要求，守正创新，担当作为，加快建设具有全球竞争力的世界一流能源互联网企业，为全面建成小康社会、夺取新时代中国特色社会主义伟大胜利贡献力量。

所谓“三型”即枢纽型企业、平台型企业、共享型企业，“两网”指的是建设运营好坚强智能电网和泛在电力物联网。

对于“两网”，国家电网董事长寇伟表示，一方面，要持之以恒地建设运营好以特高压为骨干网架、各级电网协调发展的坚强智能电网；另一方面，要充分应用移动互联、人工智能等现代信息技术和先进通信技术，实现电力系统各个环节万物互联、人机交互，打造状态全面感知、信息高效处理、应用便捷灵活的泛在电力物联网。

3.1.2　泛在电力物联网的定义

泛在电力物联网是泛在物联网在电力行业的具体体现和应用落地，是电力行业相关的任何时间、任何地点、任何人、任何物之间的信息连接和交互。

泛在电力物联网将电力用户及其设备、电网企业及其设备、发电企业及其设备、供应商及其设备连接起来，产生共享数据，为用户、电网、发电、供应商和政府社会服务；以电网为枢纽，发挥平台和共享作用，为全行业和更多市场主体发展创造更大机遇，提供价值服务。

由坚强智能电网和泛在电力物联网共同构建成的能源互联网，承载着数据流、业务流、能源流，“三流”分别作用于能源互联网企业的对外业务与对内业务。其中对外业务包括综合能源服务、大数据运营、资源商业化运营、三站合一、能源金融、虚拟电厂等；对内业务包括企业的运营、电网运行、客户服务等，并最终作用于政府行业机构、能源客户、供应商、电力消费群体等。

3.1.3　泛在电力物联网的作用与特征

1. 泛在电力物联网的作用

泛在电力物联网是应用于电网的工业级物联网，将与坚强智能电网相辅相成和融合发展，在线连接能源生产与消费各环节的人、机、物，状态全面感知、信息高效处理、应用便捷灵活，承载贯通电网生产运行、企业经营管理和对外客户服务的数据流和业务流，与能源流共同构成“三流合一”的能源互联网。

泛在电力物联网通过其全面的感知能力，可以进行基于完全信息的充分决策、规划运行、服务、交易等；其自身的要素互联能力，可以起到高效的平台共享、关联作用；其信息共享能力，可以用来消除孤岛、融合数据、全面分析；通过“云”可以将运算能力提升，并且做到可靠安全、协同计算；其数据驱动能力，可以进行智能计算、改变控制；泛在电力物联网的互联生态模式，可以变革收益模式，增加产业效益。

2. 泛在电力物联网的特征

泛在电力物联网具有 4 个显著的特征：连接的泛在化、终端的智能化、数据的共享化、服务的平台化。

（1）连接的泛在化

连接的泛在化，主要体现在微功率无线自组网、高速宽带载波通信、大容量电力光纤网、230 电力无线专网、低功耗广域窄带物联网、第五代移动通信网络、北斗短报文通信、高通量卫星通信等具体应用技术上。

（2）终端的智能化

终端的智能化，体现在电力业务终端和用能终端向 IP 化及 IT 化进化、芯片处理能力促使终端向智能化方向迭代、软件定义促进终端软硬件不断解耦满足精控、调度等实时业务、敏捷处理、数据优化。

（3）数据的共享化

数据的共享化，体现在泛在电力物联网的海量感知层数据汇聚于应用层，成为重要数据资源，数据的开放、共享、共用成为迫切需求和必然趋势，数据模型的标准化打通各个业务“烟囱式”壁垒，并能实现不同业务逻辑的横向贯通。

（4）服务的平台化

服务的平台化则体现在泛在电力物联网的天空地一体化网络成为“即插即用”网络平台，接口与规约标准化促进接入和连接的统一，通用水平化平台和垂直专业化平台之间可以结合，平台的开放性和基于平台的智能化服务水平提升。

3.2　泛在电力物联网的层次结构

3.2.1　感知层

在感知层，重点是统一终端标准，推动跨专业数据同源采集，实现配电侧、用电侧采集监控深度覆盖，提升终端智能化和边缘计算水平。

边缘计算技术对传感器、智能设备、智能终端的多重数据进行就地处理与分析，就近提供边缘智能、敏捷联接、实时判决、数据优化、安全保护，提高数据传输与处理效率，以满足电网中设备及用户的快速响应需求，为智能调度、主动配电网、配电物联网等应用提供支撑。

边缘计算解决方案的通常步骤为首先根据共享数据的处理结果，接着通过返还数据处理结果到就近基站，并直接进行计算，最后将数据处理结果发送到云计算中心。

边缘计算根据所部署的硬件载体可分为器件级边缘计算、终端级边缘计算和网关级边缘计算三类：

① 器件级边缘计算（见图3-1）：如振动声纹传感器，进行小波分析、快速傅立叶变换、滤波等本地信号处理。

② 终端级边缘计算（见图3-2）：如智能AI摄像头，基于轻量级深度学习算法就地实现图像识别/目标检测。

③ 网关级边缘计算（见图3-3）：如集中器，完成数据汇聚、清洗、分析、加密、上传等，基于虚拟容器可承载多种APP应用。

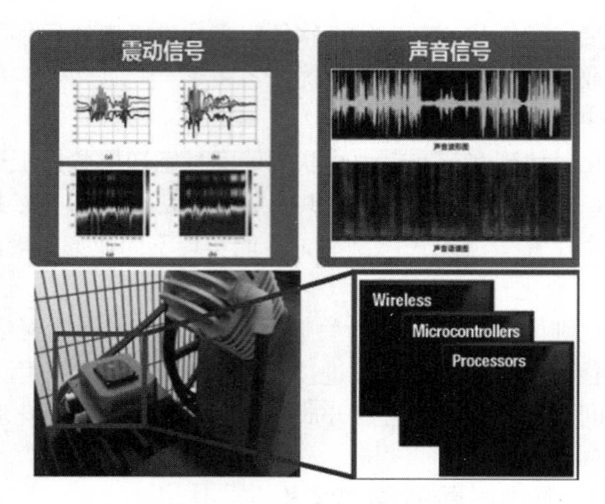

图 3-1　器件级边缘计算（电力设备声－震监测）

图 3-2　终端级边缘计算（无人机巡线就地判决）

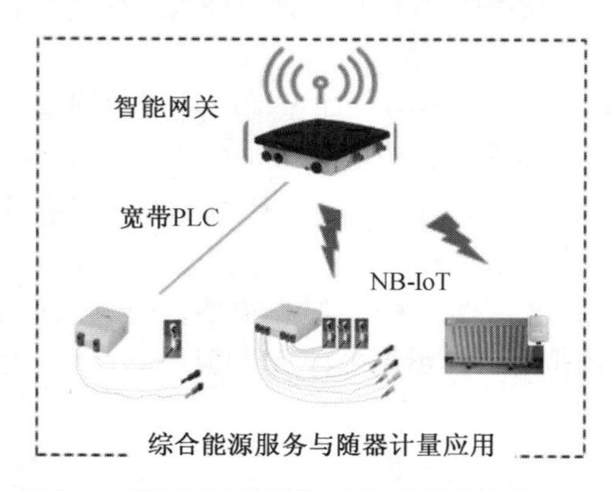

图 3-3　网关级边缘计算（能效监测传感网络）

智能电网中的边缘计算如图3-4所示。

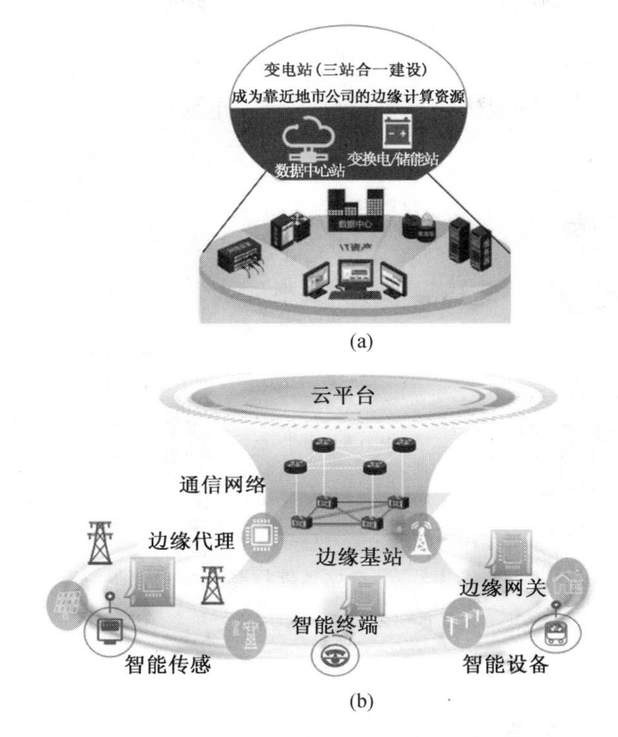

图3-4　智能电网中的边缘计算

3.2.2　网络层

泛在电力物联网的网络层包括接入网、骨干网、业务网和支撑网。在网络层，重点是推进电力无线专网和终端通信建设，增强带宽，实现深度全覆盖，满足新兴业务发展需要。

网络层的作用为通过现有的互联网、移动通信网、卫星通信网等基础网络设施，对来自感知层的信息进行接入和传输。在物联网系统中网络层承接感知层和平台层，具有强大的纽带作用。网络层不管是哪种通信协议，都有很明确的规范，在传输方式上，有线、无线共有十几种，有线的包括最常用的RS485、PLC（电力载波通信）等，无线的包括ZIGBEE、LORA、NB－IOT和LTE等，在泛在物联网中都可以用到。具体用何种形式的传输方式，需要根据设备与平台或者网关的距离、功能、对功耗的要求等来进行选择。

不难发现，PLC（电力载波通信）也是泛在电力物联网网络层中研究的重点，其工作方式是以高频将信息和数据通过电流进行传输。在物联网传输协议上，MQTT 协议和 COAP 协议已经成为公认的物联网通信协议，有明确的规范可以遵循。

图 3-5 和图 3-6 所示的变电站智能视频监控和配网自动化的应用过程中，泛在电力物联网网络层中的电力专网都起到了至关重要的作用。

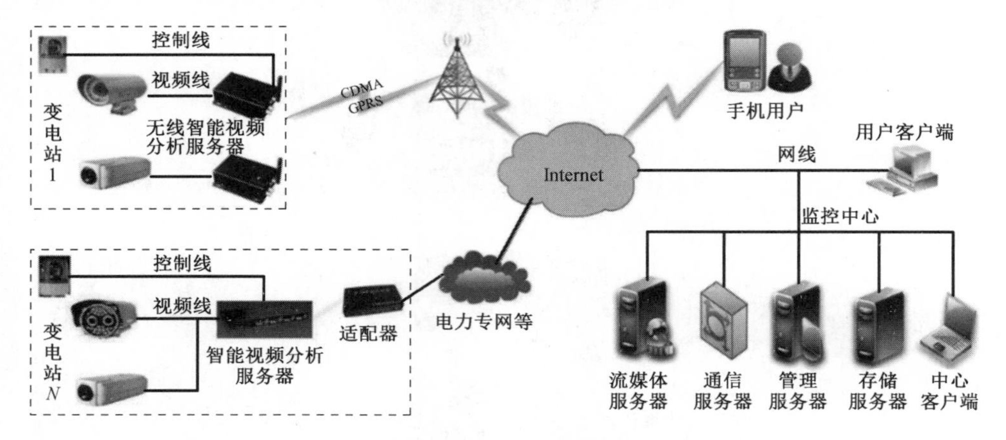

图 3-5　变电站智能视频监控

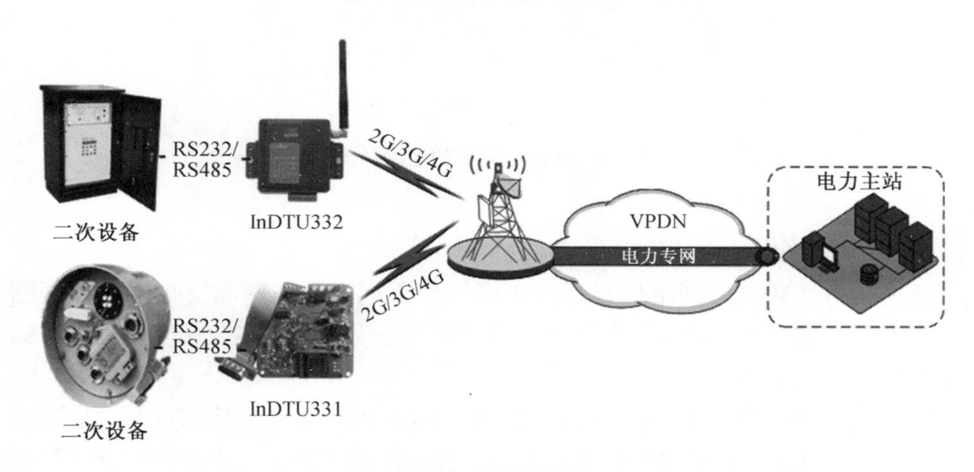

图 3-6　配网自动化

3.2.3　平台层

在平台层，重点是实现超大规模终端统一物联管理，深化全业务统一数据中心建设，推广“国网云”平台建设和应用，提升数据高效处理和云雾协同能力。

例如，互联网综合能源服务的建设：通过构建基于云平台支撑的综合能源创新服务体系，将实现电、气、冷、热多种能源灵活接入。全面整合能源控制参量、能源运行、能源使用等数据，通过对能源流、业务流、水流的实时处理，实现能源各类业务应用的灵活定制。基于云平台算法和计算资源，助力智能决策、支付、业务接入等能源互联网业务的实现。

“国网云”平台所做的事，就是把国家电网公司系统内的服务器等硬件进行统一的管理、维护与调配，在使用时，各单位可以根据自己的业务情况，在统一的“国网云”中按需所取，这样便可以缓解由海量业务发展带来的压力。以我们交电费为例，在传统信息化模式下，一个省电力公司面对全省范围内数量巨大的电费交纳业务，也面临着一些技术瓶颈，引入云计算技术后，支撑各业务服务能力的 IT 资源便可以被统一管控起来，从而达到资源的优化配置。

3.2.4　应用层

在应用层，重点是全面支撑核心业务智慧化运营，全面服务能源互联网生态，促进管理提升和业务转型。

国家电网公司作为世界一流品牌，同时拥有世界上最庞大的电网资产和雄厚的技术、人才、客户资源优势，具备做强、做优、做大综合能源服务业务的实力，这也是国家电网公司进行向综合能源服务业务转型的良好基础。

在基础设施方面，电网是覆盖范围最广、投资规模和用户最多的能源网络，以电网为基础、电力为中心拓展能源服务业务，也是最为经济、有效的一种方式。国家电网公司掌握大量输电和配电网络资产，以此为基础建设综合供能系统、开展综合能源服务，可有效利用现有资产，降低用户用能成本。

在基础能力方面，拥有丰富的电力软件产品，在规划设计、调度运行、能量管理、智慧用电等各领域应用都形成了非常完备的软件产品；拥有平台建设经验，目前已经拥有电商平台、车联网平台、分布式光伏云服务平台等，并针对企业、用户开展了一站式服务、运行监控、金融服务等多样化的增值服务。

在技术和人才方面，国家电网公司拥有专业化服务队伍，可为客户提供全业务、全天候、专业化、多元化的服务；此外，还拥有庞大的专业运维队伍，能为客户提供一对一的上门运维服务。这为开展综合能源服务提供了有力支撑。

在品牌和用户方面，综合能源服务是以用户为中心的一系列服务，用户群体至关重要。国家电网公司供电人口超过 11 亿，品牌价值位居国内首位，用户群体黏度高、品牌依存度强。国家电网公司长期经营配电网，与用户紧密相连，是联结千家万户的电力门户，同时也拥有庞大的用户数据资产，涵盖电源侧、网侧、用户侧全环节，是国家电网公司开展综合能源服务的独特优势。

在实践经验方面，国家电网公司基层单位已主动开展了综合能源服务业务，为国家电网公司开展综合能源服务奠定了基础。天津、江苏、湖南等公司为公共建筑、工业企业、园区等用户，提供集水、电、气、热（冷）等多种能源的综合能源服务。据了解，国网江苏电力积极拓展内外业务，以客户变配电设备代维等基础服务为切入点，创新研究能源托管等新型服务模式，同时探索建立线上线下能效服务新模式，建设能源综合服务平台，以门户网站、APP 等方式为客户提供互动式能效服务。国网天津电力为天津市北辰产城融合示范区商务中心大楼提供“地源热泵 + 风光储能”的多种能源供应和管控优化平台，能效比达到 2. 38，综合能源利用效率提升 19% 。

3. 3　泛在电力物联网的体系架构

3. 3. 1　泛在电力物联网的商业模式架构

在能源互联网中，充分发挥电网的网络和连接属性，以能源互动和信息互动作为开展互联网经营的基础，可快速连接积累规模庞大的多方主体，带动广告、交易、流量等增值业务形成收益，同时引入第三方服务公司作为驱动主体，开展创新业务运营，最终以电子商务为主要载体、以金融产品为创新手段获利变现。

3. 3. 2　泛在电力物联网的产业生态架构

在能源互联网产业生态架构中，电网将不仅作为能源传输、转换的枢纽，更是承载各种服务，连接各方利益，实现信息交互、共享，支撑各种交易的平台。以互联网模式匹配能源要素，对整个生态内外进行全面感知，实现双向互动，开展创新应用，变革经营模式。

泛在电力物联网的产业生态架构如图 3-7 所示。

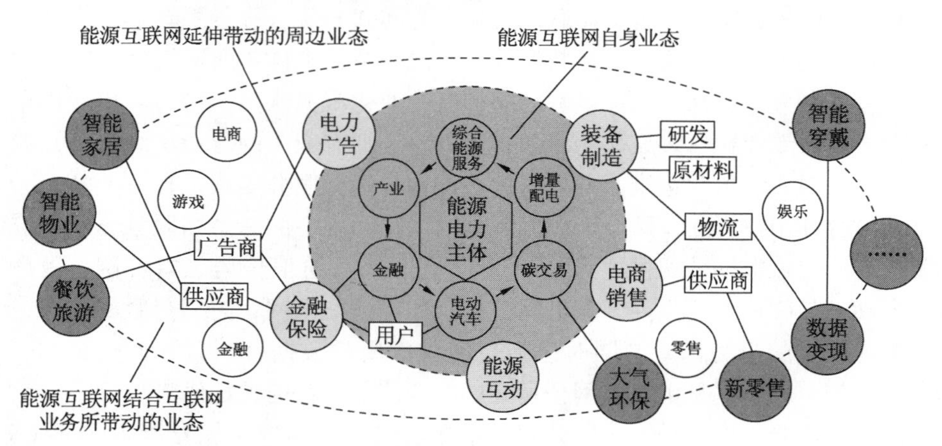

图 3-7　泛在电力物联网的产业生态架构

3.4　本章小结

本章主要阐述了泛在电力物联网的提出背景、概念及其作用与特征，以及泛在电力物联网的层次结构和体系架构。泛在电力物联网是泛在物联网在电力行业的具体体现和应用落地，是电力行业相关的任何时间、任何地点、任何人、任何物之间的信息连接和交互。泛在电力物联网更加注重客户服务的重要性，为用户、电网、发电、供应商和政府社会服务。

第 4 章　泛在电力物联网的关键技术及初步探索

要建设泛在电力物联网，首先要明确建设泛在电力物联网需要哪些技术的加持。目前建设泛在电力物联网所需要的关键技术包括储能技术、能源转换技术、5G 切片技术、大数据技术、多目标优化技术、预测 - 预知 - 预置 - 自主技术、平台技术、区块链技术、人工智能技术等。新一代信息技术的发展，推动了泛在电力物联网中的智能化发展。当前泛在电力物联网中的智能化主要包括智感、智测、智控的智能装备、基于人工智能和移动互联网的现场作业、基于物联网和多源信息融合的状态监测、基于大数据和云计算的态势感知、基于智能驾驶舱的智慧运行 5 部分。泛在电力物联网的科技项目发展正在快速推进。

本章首先详细介绍了泛在电力物联网中涉及的关键技术，然后阐述了泛在电力物联网的智能化，最后选取 4 个典型的泛在电力物联网科技项目进行讲解。

4.1　泛在电力物联网的关键技术

4.1.1　储能技术

储能技术是实现需求侧能量高效管理、有效提高可再生能源入网，基于低成本、高性能的储能技术，是构建能源互联网的关键要素，采用集中式或分布式接入，能够构建高比例、泛在化、可共享、可广域协同的储能形态，为电力系统提供毫秒到数天的宽时间尺度上的灵活双向调节能力，改变电能的时空特性直至改变传统电力系统即发即用、瞬时平衡的属性。

我国在全国范围内进行电网改造和升级，对工业企业进行节电改造，对全国居民的生活节能节电给予补贴，标志着我国电力工业已经进入需求侧管理时代。电力储能技术的引入将有效削减负荷峰谷差，降低供电成本，有效实现需求侧管理。同时，规模储能技术的广泛应用将大大增强电网对大规模可再生能源的接纳能力，实现间歇式可再生能源发电的可预测、可控制、可调度，促进传统电网的升级与变革，实现发电和用电之间在时间和空间上的解耦，彻底改变现有电力系统的建设模式，促进电力系统从外延扩张型向内涵增效型转变，提高供电可靠性和电能质量。因此，储能技术在现代电力系统中具有举足轻重的作用。

目前，以电化学储能为代表的新兴储能技术快速发展，已达到盈亏平衡拐点（每度电成本为 0.6 元），大规模商业化应用初具基础，近年来储能电池成本变化如图 4-1 所示。

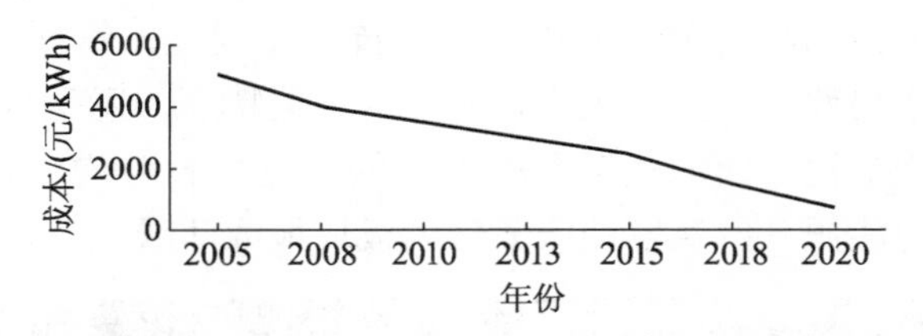

图 4-1　近年来储能电池成本变化曲线

由表 4-1 可知，未来主流电化学储能技术能量效率在 80% 以上，而大容量物理储能技术效率也不断提升，能够适应多场景应用。

表 4-1　2018—2050 年储能技术能量转换效率

储能技术	能量转换效率/%		
	2018 年	2035 年	2050 年
抽水蓄能	70～80	80～85	80～85
压缩空气储能（超临界）	52～65	60～70	65～72
飞轮储能	>95	>97	>98
铅炭电池	70～85	80～88	85～90
锂电池	90～95	90～96	92～97
全钒液流电池	75～85	80～88	82～90

储能的规模化集成技术及关键设备与系统的本征安全已有较大突破，可实现百兆瓦级储能系统的安全可靠应用。图 4-2 所示为储能的规模化集成实例。

图 4-2　储能的规模化集成

电网侧分布式储能调控技术得到初步应用，在用户侧分布式储能云平台（见图4-3）搭建中，分布式储能聚合效应初显。从全球和国内角度而言，电化学储能技术近几年都呈现出较为可观的发展趋势，在适用性、效率、寿命、充放电等参数上相比于其他方式具备独特的优势。在技术路线上，目前出于成本的考虑，铅蓄类电池占据主要地位，然而无论是从技术参数特点，还是从最近几年成本下降的趋势而言，锂电池全面取代铅蓄类电池的可能性日益增强。在运用领域中，以用户侧、可再生能源并网及辅助服务三大板块最为活跃。

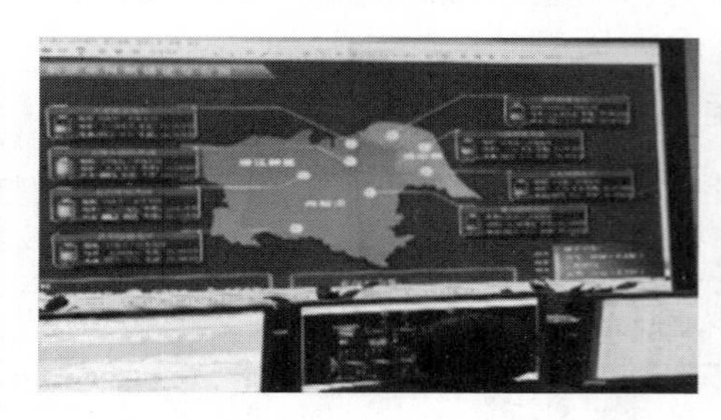

图4-3　分布式储能云平台

对于可再生能源并网，尤其是光电储能领域，在家用领域销售的潜力发展速度取决于民用光伏发电成本的下降速率。在可见的未来，当光伏发电的成本下降到与国家主流发电方式相当时（目前光伏发电成本为0.7元/度，主流的火力发电成本0.35元/度），对于居民而言，目前将多余电量按电力成本价销售给国家电网的方式将得到改变。储能设备提供商建立自身的电力网络，收购多余电力进行销售将成为可能，这对于便携式发电领域，甚至是国家电网都将形成一定的挑战。

4.1.2　能源转换技术

能源转换技术通过能源转化、能量汇集、能量适配，实现多种能源相互间的替代、转化和综合应用，提高能源利用效率。如冷热电三联供、电转气、热电联产等直接促进电能与天然气、冷、热之间的转化；基于交直流母线的能量路由器、具有能源耦合矩阵特征的能源集线器等汇集不同种类能源及负荷，实现能量的转化、存储和分配。

1. 能量路由器

能量路由器侧重于物理信息系统的高度融合，根据信息流完成能量流的控制，具备电能灵活转化、变换、传递、路由控制及交直流配电等功能。

2. 能源集线器

能量路由器侧重于能源系统的稳态交互，负责能源的转化、存储、分配；可实现多种能源的长距离柔性协同传输。

4.1.3　5G 切片技术

5G 时代丰富的垂直行业应用将给移动网络带来更加多样化的需求，超高带宽、超低时延及超大规模连接将改变垂直行业核心业务的运营方式和作业模式，全面提升传统垂直行业的运营效率和决策智能化水平等。网络切片正是在这种背景下产生的。

近年来，国家电网公司积极建设坚强智能电网，提升电网本质安全水平，通过实施“互联网＋”战略，全面提升电网信息化、智能化水平，充分利用现代信息通信技术、控制技术实现电网安全、清洁、协调和智能发展，为经济社会发展提供可靠电力保障。随着用电信息采集、配电自动化、分布式能源接入、电动汽车服务、用户双向互动等业务快速发展，各类电网设备、电力终端、用电客户的通信需求爆发式增长，迫切需要适用于电力行业应用特点的实时、稳定、可靠、高效的新兴通信技术及系统支撑，实现智能设备状态监测和信息收集，激发电力运行新型的作业方式和用电服务模式。

1. 5G 切片在泛在电力物联网中的应用

（1）电力系统对 5G 切片业务需求

① 超高可靠超低时延需求：典型代表场景包括智能分布式配电自动化、毫秒级精准负荷控制、主动配电网差动保护等工业控制类下行业务。

② 海量物联终端接入需求：典型代表场景包括低压用电信息采集、智能汽车充电站/桩、分布式电源接入等信息采集类上行业务。

③ 高清视频回传需求：典型代表场景包括输变电线路状态监控、无人机远程巡检、变电站机器人巡检、AR 远程监护等需要高清视频回传的业务场景。

④ 高清语音通信需求：典型代表场景包括调度电话、管理电话、远程巡检、应急通信等需要高安全、高可靠、高接通率和高清通话质量保障的专网语音通信场景。

（2）电力系统 5G 切片的技术实现

电力系统 5G 切片的技术实现包括基于 5G 的智能分布式 FA 终端间网络通信、组播报文的 E2E 分发、消息优先级控制、网络切片的安全性、网络切片的可靠性、网络切片管理能力的开放性等。电力系统 5G 切片网络功能如图 4-4 所示。

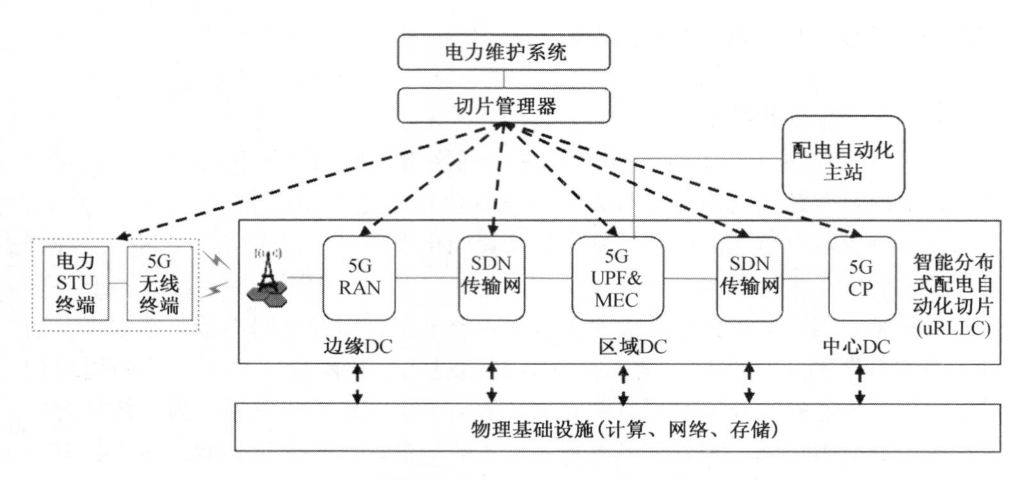

图 4-4 电力系统 5G 切片网络功能示意图

2. 5G 网络切片实例

以智能配电网站所的智能综合管控场景为例，直观展示了 5G 网络切片如何从端到端 SLA 保障、业务隔离性和运营独立性等多角度满足智能电网的行业需求，从而全面提升智能配电网站所的管理效率，如图 4-5 所示。

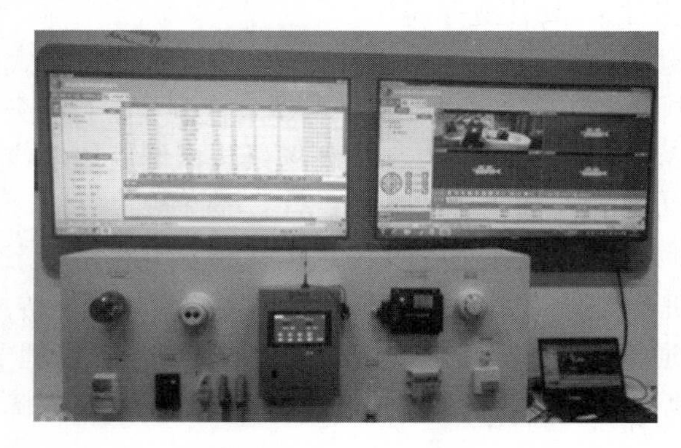

图 4-5 5G 切片在智能配电网站所的智能综合管控场景业务演示图

核心网基于服务化架构（SBA）将网络功能模块化，实现定制化网络切片的快速上线，并基于转控分离（CUPS）及多接入边缘计算（MEC）技术为智能电网的配电自动化、精准负荷控制、用电信息采集和分布式能源等不同业务场景提供超高带宽、超高可靠性、超低时延等网络质量可保障的虚拟专用网络，为打造“切片即服务”的创新型商业模式提供网络技术支撑。同时依托于切片管理器，可以实现电力行业租户对所租用切片网络资源的可见可管，有效降低总持有成本（TCO），促进智能电网的创新能力。正是基于这样的端到端智能电网切片，电网的综合管控系统通过实时监控、远程遥控、现场可视化等技术，进一步提升了配电网的科学管控、科学生产及快速排障效率。

4.1.4 大数据

1. 大数据的概念

对于大数据的概念，不同的公司有其不同的定义。

① 麦肯锡公司定义：大数据是指大小超出常规数据库工具、存储、管理和分析能力的数据组合。

② Gartner（高特纳）公司定义：大数据是需要新处理模式才能具有更强的决策力、洞察发现力和流程优化能力的海量、高增长率和多样化的信息资产。

2. 大数据的特征

IDC（国际数据公司）定义大数据具有4个特征：海量的规模、巨大的数据价值、快速的数据流转和动态的数据体系、多样的数据类型。

3. 大数据的发展

1980年，著名未来学家阿尔文·托夫勒便在《第三次浪潮》一书中，将大数据热情地赞颂为“第三次浪潮的华彩乐章”。1990年，数据仓库之父比尔·恩门（Bill Inmon）提出数据仓库概念。2003—2006年，Google发表数据处理“三驾马车”及Hadoop诞生，大约从2009年开始，“大数据”成为互联网信息技术行业的流行词汇，移动互联、社交网络、电子商务大大拓展了互联网的疆界和应用领域。2011年麦肯锡全球研究院发布《大数据：下一个创新、竞争和生产力的前沿》，2012年维克托·舍恩伯格《大数据时代：生活、工作与思维的大变革》宣传推广，大数据概念开始风靡全球。2013年5月，麦肯锡全球研究所发布了一份名为《颠覆性技术：技术改进生活、商业和全球经济》的研究报告，报告确认了未来12种新兴技术，而大数据是这其中需求技术的基石。2014年5月,美国白宫发布了2014年全球“大数据”白皮书的研究报告《大数据：抓住机遇，守护价值》，报告鼓励使用数据推动社会进步。从此之后，大数据技术越来越受到人们的重视。

4. 电网大数据

电力系统产生了海量的结构化和非结构化数据，应用大数据技术可有效提高电网的运行管理水平和优质服务用户水平。

电网大数据可以应用在设备运检、供电服务、电网运行、安全保障等环节，电网大数据的特点主要体现在体量、性能与种类3个方面，即数据规模大、高速数据传输及电网数据的多样性。由于技术发展需求，电网规模不断扩大，电网中电机节点，以及其符合不断增加负荷与电网交互增加数据存储量已经达到PB量级。由于数据量巨大所以在传输过程对于传输效率有了更高的要求，负荷波动随机性强，电网必须实时跟踪负荷变化；另一方面电网工作必然存在故障风险，故障位置随机性也决定了为保障供电覆盖率必须迅速做出相应维修反应，因此二者的实时性与随机性，必须保证电网数据高速传输、及时反映。数据类型的多样性主要体现在 3 个方面，即采集周期多样性、存储类型多样性及数据来源多样性。数据来源不光来自于电网自身还来自于电网外的信息；由于电网属于复合系统，不同系统处理相应的数据，数据来源渠道甚广，需要同时处理用电信息，符合相关数据及发电机状态和调度数据。对于信息采集周期则体现在如何保护系统检测周期，其周期则在毫秒级到分钟量级，不同用户的采集周期不多。

由于大数据是泛在电力物联网的核心技术，本书将在第 5 章对泛在电力物联网中的大数据技术进行详细讲解。

4.1.5 多目标优化技术

能源互联网的核心是在满足能源供给侧与需求侧的平衡约束下，成本、价格和效率的多目标优化问题。

在泛在电力物联网的建设中，需要多种多目标优化算法，其中包括：多目标进化算法、多目标粒子群算法、其他多目标智能优化算法、人工神经网络优化、多目标生产调度和电力系统优化等。

4.1.6 预测 - 预知 - 预置 - 自主技术

基于全面的状态感知，利用人工智能技术进行深度学习，开展新能源发电和负荷的精准预测，结合实时控制与自主行为技术，实现电力供需平衡。

4.1.7 平台技术

基于容器隔离、微服务框架、异构混合资源分布式调度等技术，构建大数据平台、商业平台及应用平台等能源互联网相关平台，汇聚各类资源，为能源互联网各参与主体提供信息共享空间。同时，也为多类型服务，如状态监测、调度、市场管理等提供衍生途径。

4.1.8 区块链技术

1. 区块链的定义

虽然区块链技术在 2016 年受到了非常广泛的关注，但到目前为止尚没有公认的定义。美国学者 Melanie Swan 在其《区块链：新经济蓝图及导读》一书中给出了区块链的定义：区块链技术是一种公开透明的、去中心化的数据库。这个定义强调了区块链的两个特点，但过于笼统。在工信部发布的《中国区块链技术和应用发展白皮书（2016）》中，区块链被定位为分布式数据存储、点对点传输、共识机制、加密算法等计算机技术的新型应用模式。

区块链作为新一代去中心化数字货币加密系统的底层核心技术，狭义上讲，是按照时间顺序将数据区块以顺序相连的方式组成链式结构，并以密码学方式保证不可篡改和不可伪造的分布式账本；广义上讲，区块链技术是利用块链式数据结构来验证与存储数据，利用分布式节点共识算法来生成和更新数据，利用密码学的方式保证数据传输和访问的安全、利用由自动化脚本代码组成的智能合约来编程和操作数据的一种全新的分布式基础架构与计算范式。

2. 区块链的技术框架

区块链技术框架共分五层：数据层、网络层、共识层、激励层、智能合约。

（1）数据层

“区块链”这个词本身包含了“数据区块 + 链”的含义，即由数据区块和链式结构组成。通过对数据区块打上时间戳后，可以对数据进行标记，形成数据区块链条，从而记录区块链数据的完整历史，能够提供区块链数据的溯源和定位功能，任意数据都可以通过此链式结构追本溯源。采用哈希函数（Hash function）将原始数据编码为特定长度的由数字和字母组成的字符串，具有单向性（从哈希函数的输出几乎不能反推输入值）、定时性（不同长度输入的哈希过程所消耗的时间基本相同）、随机性（即使输入仅相差一个字节也会产生截然不同的输出值）等优点，可用于数据存储、验证等。非对称加密通常在加密和解密过程中使用2个非对称的密钥（分别称为公钥和私钥），用其中一个密钥（公钥或私钥）加密信息后，只有另一个对应的密钥才能解开，这主要用于对信息加密、数字签名和登录认证等。Merkle 树是区块链的重要数据结构，用于快速归纳和校验区块数据的存在性和完整性。从数据存储角度看，区块链没有本地数据库，有点类似于云存储，但云存储通常由某一中心化机构提供，而区块链则采用去中心化的分布式存储。

（2）网络层

网络层主要包含 P2P 网络技术（又称为点对点传输技术或对等互联网络技术）、传播机制和验证机制。现有的区块链项目几乎都采用了著名的 P2P 技术，电驴、迅雷、BT 下载等软件也均采用了 P2P 技术。当数据在服务器上集中式存储时，下载的人越多，服务器承载的压力就越大，下载速度就越慢。采用 P2P 技术时，在下载一个文件的同时，也不断将数据传输给别人，每个节点既是下载者也是服务器，使得资源的分享不再依赖于中央服务器。下载的节点越多，下载数据越快。

（3）共识层

共识层主要包含共识机制，即能够在决策权高度分散的去中心化系统中使得各节点高效地针对区块数据的有效性达成共识，这是区块链核心技术之一。共识问题是分布式计算领域的重要研究问题，著名的“拜占庭将军问题”（Byzantine failures）抽象地反映了分布式计算所遇到的问题。早期的比特币区块链采用高度依赖节点算力的工作量证明（Proof of Work，PoW）机制来保证比特币网络分布式记账的一致性。随着区块链技术的发展，权益证明机制（Proof of Stake，PoS）和授权股份证明机制（Delegated Proof of Stake，DPoS）等共识机制相继出现。

（4）激励层

区块链需要大量参与者提供算力来支撑运算，因此就需要设计激励机制来吸引参与者贡献算力。比特币中的区块链采用了“挖矿”机制，激励参与者不断提供算力来获得奖励。虽然这些算力目前尚未用于解决实际问题，预期在不久的将来就会得到实际应用。

（5）智能合约

区块链技术可提供灵活的脚本代码系统，支持用户创建高级的智能合约、货币或其他去中心化应用。智能合约的代码是透明的，对去中心化系统（见图4-6b）而言具有重要意义，因为对用户来讲，只要能够接入区块链中，用户就可以看到编译后的智能合约，从而对代码进行检查和审计。在中心化系统（见图4-6a）中，智能合约对用户而言就是一段不可见的代码，类似于黑匣子。可见智能合约的运作机制和中心化系统中常见的自动控制原理极其类似，均是在满足给定触发条件时进行响应。当某个复杂事件需要多方参与才能执行时，自动控制就是一种智能合约。从某种意义上讲，智能合约就是一种广义的自动控制；中心化系统中的自动控制也可视作一种特殊的智能合约。因此，去中心化是采用区块链的前提。对于中心化系统而言，并不需要采用区块链。

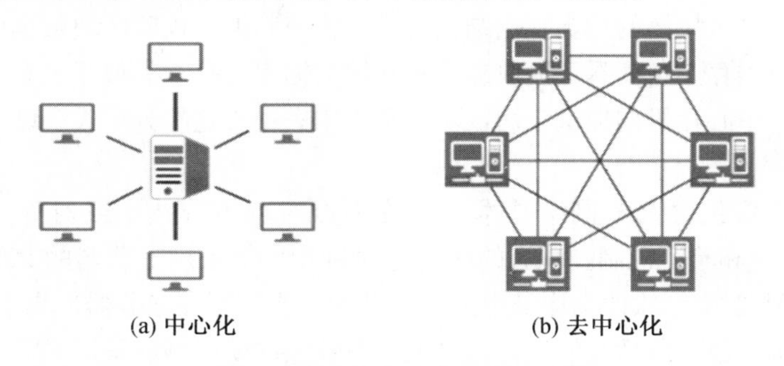
(a) 中心化　　(b) 去中心化

图4-6　中心化与去中心化示意图

3. 分布式电力能源系统与区块链

分布式智能电力能源系统的自身特点决定了其发展受限。首先，分布式发电源的类型繁多、发电能力不一、数量庞大、并且地理分布分散，以至于人工管理、调度、维护非常困难。其次，风、光等新能源的发电量完全依仗自然条件，不可准确预测，且不稳定，再加上设备投入与维护费用高，使得其利润低微。这两大难题使得习惯于中心化的供电管理者无法或是不愿意去建立此类分布式电力系统。然而系统的建立只是最初步的问题，如果这样的系统能成功建立并且连入电网投入使用，系统的运营又是另一大难题：如何审核与发放入网许可；在接入新用户时如何保证电网整体的安全与稳定；如何与传统输发电合作；如何与电力公司分摊利益；如何与所有用户互动；如何保证网内电能交易的公平、公正与公开；如何确保交易执行；如何合理地分配电能与制定价格，使得用户的需求得到满足、利益得到保障；如何高效合理地利用资源；如何在收集用户信息的同时保障其隐私不被侵犯……这些问题都极大地制约了分布式电力能源系统的推广与发展。

区块链的特点可以概括为分布式的、自治的或共同约定的、按照合约执行的、可追溯的。区块链的去中心化特性与分布式电力能源系统的去中心化构造不谋而合。区块链中不存在一个中心化的主导节点，每个节点地位平等并通过共识机制自动自发地共同维护，对应了分布式能源系统中用户共同协作实现自适应调度的需求；区块链中每个节点都分享存储所有历史数据，数据以时序链接，但数据只对有权限的节点可见，此特性若应用在分布式能源系统中，则解决了如何保证交易的公平、公正、公开，同时又保护隐私的问题；而区块链中可灵活编程的智能合约则对应解决了系统分析和交易执行的问题。电力系统中区块链信息交互如图4-7所示。

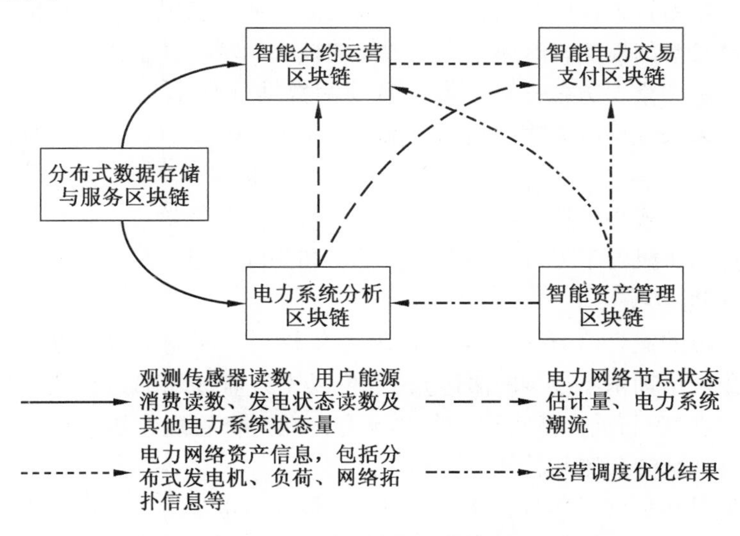

图4-7　电力系统中区块链信息交互

4.1.9 人工智能技术

1. 人工智能的定义

对于人工智能（Artificial Intelligence，AI）普遍存在三种定义：

① 人工智能就是与人类行为相似的计算机程序。无论计算机以何种方式实现某一功能，只要该功能表现的与人类在类似环境下的行为相似，就可以说，这个计算机程序拥有了在该领域内的人工智能。这一定义从近似于人类行为的最终结果出发，忽视达到这一结果的手段。

② 人工智能就是会学习的计算机程序。人工智能的典型应用大多都拥有深度学习的技术基础，是计算机从大量数据资料中通过自我学习掌握经验模型的结果。

③ 人工智能就是根据对环境的感知，做出合理的行动，并获得最大收益的计算机程序。人工智能是有关“智能主体的研究与设计”的学问，而“智能主体”是指一个可以观察周遭环境并做出行动以达到目标的系统。

2. 人工智能中的六大关键要素

人工智能有六大关键要素：机器学习、深度学习、人机交互、自然语言处理、人工神经网络、机器视觉。

（1）机器学习

机器学习是一门多领域交叉学科，涉及统计学、系统辨识、逼近理论、神经网络、优化理论、计算机科学、脑科学等诸多领域。通过研究计算机怎样模拟或实现人类的学习行为，以获取新的知识或技能。通过知识结构的不断完善与更新来提升机器自身的性能，这属于人工智能的核心领域。基于数据的机器学习是现代智能技术中的重要方法之一，研究从观测数据（样本）出发寻找规律，利用这些规律对未来数据或无法观测的数据进行预测。Alpha Go 就是这项技术一个很成功的实践。

根据学习模式将机器学习分类为监督学习、无监督学习、强化学习等。根据学习方法可以将机器学习分为传统机器学习和深度学习。

（2）深度学习

深度学习的概念由 Hinton 等人于 2006 年提出。深度学习可以有人监督（需要人工干预来培训基本模型的演进），也可以无人监督（通过自我评估自动改进模型）。深度学习目前广泛运用于各类场合，在财资管理领域，如可以通过深度学习来进行现金流预测和智能化管理。

深度学习则是机器学习各项技术中发展最旺盛也是最成功的一个分支。我们常说的人工神经网络是机器学习中的一种算法。机器学习的其他算法包括聚类算法、贝叶斯算法等。在量化交易、智能投资和智能风控中，往往会应用机器学习技术。

（3）人机交互

关于人机交互，它最重要的方面是研究人和计算机之间的信息交换，主要包括人到计算机和计算机到人的两部分信息交换，是人工智能领域的重要的外围技术。人机交互是与认知心理学、人机工程学、多媒体技术、虚拟现实技术等密切相关的综合学科。传统的人与计算机之间的信息交换主要依靠交互设备进行，主要包括键盘、鼠标、操纵杆、数据服装、眼动跟踪器、位置跟踪器、数据手套、压力笔等输入设备，以及打印机、绘图仪、显示器、头盔式显示器、音箱等输出设备。人机交互技术除了传统的基本交互和图形交互外，还包括语音交互、情感交互、体感交互及脑机交互等技术。

（4）自然语言处理

自然语言处理泛指各类通过处理自然的语言数据并转化为电脑可以“理解”的语言数据的技术。自然语言处理一方面可以辅助财务共享服务中心进行客户服务；另一方面，结合自然语言技术，便于知识管理和智能搜索。

自然语言处理是计算机科学领域与人工智能领域中的一个重要方向，研究能实现人与计算机之间用自然语言进行有效通信的各种理论和方法，涉及的领域较多，主要包括机器翻译、机器阅读理解和问答系统等。

（5）人工神经网络

人工神经网络是机器人定位与导航中的应用。人工神经网络具有融合多元信息资源的功能，在人工智能中扮演着重要的角色，并且智能机器人定位和导向环节具有较高的应用频率。

（6）机器视觉

机器视觉是使用计算机模仿人类视觉系统的科学，让计算机拥有类似人类提取、处理、理解和分析图像及图像序列的能力。自动驾驶、机器人、智能医疗等领域均需要通过计算机视觉技术从视觉信号中提取并处理信息。随着深度学习的发展，预处理、特征提取与算法处理渐渐融合，形成端到端的人工智能算法技术。根据解决的问题，计算机视觉可分为计算成像学、图像理解、三维视觉、动态视觉和视频编解码五大类。

3. 人工智能在电网中的应用

如果说国家电网是一家高科技公司，应该没有谁会否认。从规模上，2018年国家电网超过中石油位居中国企业500强榜首，营收超2.358万亿，而在科研实力上，国家电网的专利数量超过7万件，仅次于华为位居第二位，并且曾一度位居专利申请数量榜首位置。那么在人工智能时代，国家电网自然是不会落后的，已在多地建立了电力系统人工智能实验室。

在图 4-8 所示的 AI 领域专利权人报告 TOP10 中，国家电网是唯一上榜的中国企业，其中包括电网控制、AI 配电变压器、AI 智能算法、智能机器人等专利。国网不仅仅是在研发专利上稳步前进，在 AI 落地上也有良好的表现，尤其是巡检机器人的应用。

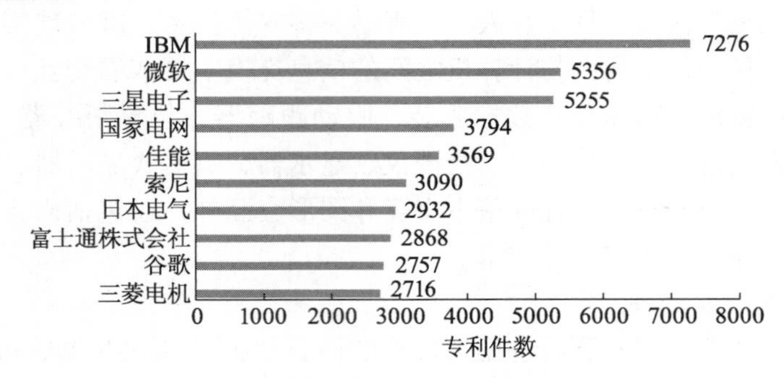

图 4-8　AI 领域 Top 10 专利权人分布

以前我们经常看到这样一幅景象：在电网建设与检修过程中，总会有一些“钢铁侠”在空中穿梭，我们震惊于他们熟练的操作技术与胆识的同时，往往会为这些人多些担心，毕竟高空、高压电作业，危险还是存在着的。但是随着人工智能技术在电网领域的落地运用，一些巡检机器人（见图 4-9）代替人类完成了这项危险的高空作业，而且效率比人类高很多。

图 4-9　智能巡检机器人

这些巡检机器人通过高精度定位，以及 AI 语音、图像等识别技术，能够在各种恶劣的自然环境下完成人工很难完成的作业，通过规模化作业，大幅度提高作业效率，甚至通过深度学习技术，能够针对台风等自然灾害进行电网灾害风险动态评估。

南方电网与国内人工智能领域“领头羊”百度达成战略合作，百度将为广东电网提供全方位技术支持，通过机器视觉、人工智能自然语言处理等技术，辅助其在输、配电等各个环节做出精准分析、判断、优化、决策。

除了巡检之外，AI技术的运用还能够大幅节约电力。2017年6月，百度科技园"智能楼宇"上线运行，运用百度AI技术，从设备画像技术、集成设备功能、区域人员分布、天气温度及环境数据实现对建筑物的系统化控制，一个月为百度省下了25万度电量。按此推算，一年能为百度节省300万度电。如果该AI技术推广到全国，以中国建筑每年用电量大概是2.5万亿度计算，一年可以节省5000亿度电，大约相当于2500亿元的产值，这无疑是一个庞大的数字。

AI技术在电网智慧能源领域的应用将会十分广泛，据IDC（国际数据公司）预计，人工智能到2020年将会带动大约3万亿人民币的市场规模。

4. 人工智能对电网的影响

人工智能正在推动第四次工业革命，它将提升能源行业的预测能力，优化其生产力和管理能力，带来前所未有的机遇。可再生能源的生产正在迅速增长。随着风能、太阳能、水能等技术的发展，这些能源越来越受欢迎，经济效益也越来越高。不过，可再生能源行业的最大挑战在于可再生能源生产具有间歇性，其产量取决于天气条件，如风吹或阳光照射，一些研究更指出气候变化可能导致全球可再生资源分布巨变。这意味着一旦能源需求激增，可再生能源不一定能满足需求，因此许多国家需要采用多种策略来填补可再生能源供应方面的空白。同时，消费者的消费模式也是难以预测的，这对供求管理以至电网均造成了不稳定性。可再生能源行业需要一种可以确保供需始终处于均衡状态的智能技术，来解决能源流的预测和管理问题。

（1）电网管理智能化

人工智能将是未来智能电网的核心部分。目前电网公司已经在电网故障警报系统配置了相关技术，人工智能技术将不断收集和整合来自数百万台智能传感器中的数据，并从大型数据集的模式和异常现象中进行自主学习，以便能够及时地做出决策，以最好的方式分配能源资源。

在需求方面，人工智能技术能持续监控家庭和企业的智能电表和传感器的供需情况，实时测量通过电网的电力流量，使运营商能够主动管理和避免中断，并在非高峰时间修改电力使用，从而放宽电网的工作量并降低消费者的价格。

在供应方面，人工智能能协助营运商或者政府改变能源组合，调整化石能源使用量，增加可再生资源的产量，并且将可再生能源的自然间歇性破坏降到最低。生产者将能够对多个来源产生的能源输出进行管理，以便实时匹配社会、空间和时间的需求变化。人工智能亦可以使用演算法来平衡电网，在出现错误或黑客的情况下协调进行联合行动，对网络进行自我修复，并预测生产和消费数据。

谷歌最近的应用人工智能技术已被证实能提升用电管理效率，它按其机器学习算法的预估，提升了数据中心的负载，优化冷却系统，以及更有效的管理设备，最后将总用电量削减15%，几年间为谷歌节约了数亿美元。英国国家电网也开始研究如何应用人工智能，充分利用可再生能源，节省成本，平衡英国国家电网的能源供应。英国国家电网具备大量数据供人工智能技术学习和预测，其目标是通过人工智能技术将国家能源消耗削减10%。

（2）利用人工智能分析消费模式

在能源领域，人工智能的高价值体现在需求管理，因为人工智能可以帮助能源企业了解产业链下游最终客户的消费模式。全球数十亿人口，每个人消费模式都不同。了解消费者的习惯、价值观、动机和个性有助于进一步加强市场的平衡和有效性，还可以更有效地制定政策。

消费者的选择和意见，对能源行业有巨大的影响。通过研究能源消费模式，能源企业能更针对性的设计产品、管理能源消耗、甚至优化消费者行为。一般来说，家庭客户更倾向于直接表达他们的偏好，因此能源企业需要搭建对接消费方的平台，对人工智能来说，消费数据越多，自我学习出来的方案就越成熟。

在电力市场，消费者会在电网产生数据流，目前有些供应商已经推动安装智能电表，实时收集数据流，这不仅有助于预测网络负载，还可以预测消费习惯。

（3）人工智能衍生的网络安全问题

人工智能在能源行业的应用，将优化能源行业，同时会组成一个全产业链的网络，把各种能源基础设施关联在一起，进一步互联网化，不过衍生的就是网络安全问题。随着技术创新，能源市场结构和网络安全方面正在发生重大的变化，随着网络威胁的不断演变，基础设施越来越容易受到干扰性或破坏性的攻击。网络安全的问题，各个能源领域无一幸免，长时间的干扰可能会影响经济贸易、工业发展，以及社会稳定。

人工智能将能源网络关联在一起，而最薄弱的部分也就是能源网络里各个连接点。能源系统与其他信息系统不同的是，受到攻击时它不能轻易脱离网络，因为这可能会导致其他供应安全问题，如限电甚至停电。在跨境影响的情况下，一旦出现挑战，则不再局限于运营商或单一国家之内。

在能源领域，网络安全的重点包括稳定供应、完整度和保密。以电力市场为例，在发电和传输过程中，稳定供应和完整性是最重要的，数据误差或者延迟会导致设备配置错误，最终会影响系统的可靠性。至于先进能源设施，客户个人数据的保密性是至关重要的。而在核能领域，网络安全更是核安全的一部分。2015年的乌克兰电网事件显示了网络攻击对电力行业潜在的破坏影响。

网络安全是伴随数字经济而生的问题，它对能源基础设施构成的风险就像洪水或火灾一样，供求双方都会受到影响。能源企业大多涉及公共服务，必须将网络视为核心业务风险，增强意识，建立强大的技术和人力网络弹性策略，采用通用的跨部门网络安全框架可帮助确定网络风险管理的关键领域，并确定需要不惜一切代价保护的系统。政府亦必须监管网络活动，引入标准，支持信息共享，并鼓励企业关注网络风险问题；同时需要培养网络安全人才库，这种需求的增长速度比对所有其他信息技术工作人员的需求快两倍以上。保险部门必须监控网络风险，重点管理新出现的和不断变化的风险，同时开发适当的网络保险产品，更好地了解网络事件会如何影响现有的投资组合。在详细分析能源行业信息时，保险部门必须帮助企业更好的量化网络风险。

在以上各方面，人工智能都将发挥关键作用。科技公司可以发挥创新的辅助作用，将安全功能嵌入正在开发和交付的产品中。相关部门亦可以利用人工智能监控网络攻击，为相互依存度高的能源部门专门进行风险分析，并且制定高效的治理计划和有效的网络应对框架，以确定在紧急情况下，能够快速地做出一致的回应。

4.2　泛在电力物联网的智能化发展

随着云计算、大数据、物联网、移动互联网、人工智能等新一代技术的快速发展，推动智能技术从学术驱动转变为应用驱动，从专用智能迈向通用智能，将智能化彻底融入泛在电力物联网的建设。

4.2.1　智感、智测、智控的智能装备

1. 发展方向

智能装备是智慧运行的基础和前提，智能装备主要体现在装备自身具备智感、智测、智控的能力，达到减少人工干预、提升自身性能、减少处理成本、快速恢复供电的目标要求。因此，未来智能装备应用发展方向是数字化、集成化、标准化、模块化，具备满足电网安全和可靠性需求的更高性能、适应智慧化发展的更多功能、体现精益化要求的更佳结构。

2. 发展举措

围绕智感、智测、智控等新型智能装备，依托国家电网公司相关专业子公司，开展相关研发及推广应用。

（1）自我感知运行状态设备的应用

推进内置传感器的一体化设备应用。联合主流设备企业、专业子公司开展内置传感器的一体化设备设计与制造，从源头提升电网装备的智能化水平。2018

年，开展变压器、开关柜内置传感器技术方案研究；2020 年开展试点应用；2022 年总结经验，推广应用。

（2）自适应系统需求设备的应用

① 总结静止同步补偿器（STATCOM）和柔性直流输电的运行经验，2020 年总结经验，推广应用。

② 推广应用配网有载调压、调容变压器、三相不平衡自动调节治理技术。2018 年进一步试点，总结经验；2020 年开展推广应用。

（3）智能可智控设备的应用

① 加快配电自动化建设，因地制宜采用集中控制型、就地控制型模式，实现馈线自动化功能。2020 年实现覆盖率达到 90% 的目标。

② 开展一二次融合、智能分布式等配电自动化技术的应用。2018 年完成试点经验总结；2020 年开展推广应用。

③ 开展设备验收机器人的研究应用。将三维建模技术融入验收机器人，实现设备尺寸自动测量、集成建档，与标准图库对比，智能化识别设备缺陷，提高设备验收质量和效率，2018 年开展可行性技术方案研究；2020 年开展试点应用；2022 年总结经验，推广应用。

（4）高通用性设备的应用

推进高通用性设备的研究及试点应用，大幅提升同类设备、模块之间的可互换性，降低设备检修维护成本和工作复杂性。

① 全面推广标准化结构变压器套管的应用，于 2018 年完成。

② 推进模块化、高通用性的开关柜、配电自动化终端标准化设计。2018 年开展开关柜标准化方案研究；2020 年开展试点应用；2022 年推广应用。

③ 开展 GIS、隔离开关、断路器模块化、高通用性的标准化。

④ 设计可行性研究及应用。2018 年完成可行性研究；2020 年开展试点。

4.2.2 基于人工智能和移动互联网的现场作业

1. 发展方向

未来发展方向是作业低风险、巡视智能化、操作程序化、检修少人化。作业低风险方面，利用机器人代替人开展高危险、高强度、高难度的作业，从根源上消除人员安全风险；利用 AR、设备仿真、智能穿戴等装备技术辅助开展作业，降低作业风险。巡视智能化方面，高效利用直升机、无人机、巡视机器人等智能工具，完善机巡管理模式，推广无人机自动巡视，利用人工智能开展数据分析处理和巡视结果智能自动推送。操作程序化方面，利用物联网、激光测距、3D 扫描、北斗定位等技术，取代人工精准判断操作到位情况，程序化开展大型设备的倒闸操作。检修少人化方面，用机器人开展重复性工作，减轻劳动强度；用机器人开展人无法完成的作业，拓展检修方式。

2. 发展举措

（1）现场作业风险精益化管控

加快新型智能穿戴设备技术研究。利用北斗定位、RFID 技术、人脸识别技术，实现人员资质、作业行为管控，防误入带电位置、防安全距离不足、防误操作、防习惯性违章。2018 年开展试点研究工作；2019 年总结提升；2020 年全面推广。

（2）智能化巡视

① 实现输电线路机巡作业全覆盖。利用无人机、直升机等智能装备，借助北斗定位、3D 激光导航、机器视觉与图像识别等技术，实现多机种联合、大规模、自动化巡视，大幅提升输电线路的巡视效率。2018 年总结并复制推广广东机巡作业经验，全面推广无人机巡视；2020 年实现机巡作业全覆盖。

② 全面推进变电站智能巡视。利用巡视机器人和 3D 激光导航、机器视觉与图像识别等技术，结合红外、紫外、可见光监测等新型感知装置，实现变电站内全天候、全方位、全自主的智能巡视。2018 年实现网省级示范变电站的成熟应用，全网 500 kV 重点变电站全覆盖；2020 年全网 220 kV 及以上变电站无轨式巡视机器人实现全覆盖；2025 年全网 110 kV 及以上变电站无轨式巡视机器人实现全覆盖。

③ 加快推进配网智能巡视。利用无人机、智能巡视机器人等智能装备，借助北斗定位、3D 激光导航、机器视觉与图像识别、局放检测等技术，实现配电线路和配电房的智能巡视。2018 年总结无人机巡视、智能机器人巡视作业经验；2019 年推广无人机、智能机器人巡视。

④ 全面开展电缆隧道智能巡视。利用智能巡视机器人配备红外测温、视频监控、有害气体检测等装置对电缆隧道开展自动巡视、自主巡视、应急处理等。2020 年覆盖广州、深圳主要电缆隧道；2025 年实现全网电缆隧道覆盖。

（3）智能化检修

① 开展成熟特种作业机器人的应用。全面推广机器人喷火清障、变电站带电水冲洗。2018 年进一步总结提升；2019 年全面推广。

② 开展高危复杂环境作业机器人的应用。加大水下作业、高空作业、带电除冰、带电清扫、变压器内部检修、套管检修等机器人的试点应用力度。2018 年开展试点研究；2020 年总结试点经验；2025 年推广应用。

③ 开展设备 3D 全息模型建设。2018 年完成典型主设备的 3D 建模；2020 年完成全部主设备的 3D 建模。

④ 加大 VR/AR/AI 辅助检修技术研究力度。2018 年开展 VR 检修方案预演、AR 辅助检修技术研究；2020 年开展试点应用；2025 年推广应用。

（4）程序化操作

加快推进变电站程序化操作。开展设备的运行环境、位置状态和风险管控自动识别技术研究应用，实现设备远方操作的操作步骤与自动识别结果的安全动态校核。2018 年配合示范变电站建设进行试点应用，总结试点经验；2020 年全网新投 220 kV 及以上变电站全面实现程序化操作；2025 年实现全网推广应用。

4.2.3 基于物联网和多源信息融合的状态监测

1. 发展方向

基于物联网技术，在电网生产管理数据的基础上，融合各类设备在线监测、离线检测、运行工况、巡视维护、移动终端等数据，以及卫星监测、气象、地质、水文等环境信息，构建电网设备全维度状态监测网络，形成电网生产云。未来发展方向是实现设备全生命周期数据的完整获取，全工况运行参数的感知测量，全场景影响要素的信息交换，为电网设备的精益化管控奠定基础。

2. 发展举措

（1）推进在线监测装置的试点研究及推广应用

① 输电方面

全面推广成熟在线监测技术。重点推广架空线路故障精确定位监测（集中式）、充油电缆油压监测、电缆局放带电测试、电缆护套环流监测、电缆隧道综合监测技术的应用。2018 年实现全覆盖。加大新型在线监测技术的应用力度。重点推广充油电缆油压监测、紫外测试、瓷绝缘子零值检测、架空线路故障精确定位监测（分布式）、视频图像监测、微气象监测、山火监测、分布式光纤测温等监测技术的试点应用。2018 年明确试点单位；2019 年总结试点经验，制定推广方案；2020 年实现成熟技术推广应用。

② 变电方面

全面推广变压器油中溶解气体在线监测、GIS 局放（UHF）在线监测等成熟在线监测系统。2018 年实现全覆盖。加大研究及试验力度，试点开展变压器绕组光纤测温、中性点接地电流监测、变压器局放在线监测、SF6 气体密度微水在线监测、断路器分合闸线圈电流在线监测、断路器机械特性监测。2018 年明确试点单位；2019 年总结试点经验，制定推广方案；2020 年实现成熟技术推广应用。

③ 配电方面

全面推广电缆振荡波局放测试、开关柜局放和红外测温等监测技术。

2018 年实现全覆盖加快推进配电设备的状态监测。开展配电变压器电压、负荷和温度监测，开关柜 SF6 气体监测，配电室水浸、门禁、红外、视频监测的技术应用。2018 年明确试点单位；2019 年完成试点经验总结和配电网监测终端研发；2020 年推广应用。

（2）全面推进环境灾害预警技术应用

加快气象、雷电、覆冰、山火、台风等实时信息采集监测系统的建设，全面推进环境预警技术，结合现场巡检、在线监测和自动气象站的多维数据，实时掌握电网设备所面临的环境信息，通过多系统海量数据的融合实现电网设备环境的全面评估，有效提升通道环境预测预警精度，促进电网通道运维管理智能化升级。2018 年结合生产监控指挥中心建设，进一步完善系统功能，提高生产监控指挥能力；2020 年实现各类环境监测在生产监控指挥中心的数据集成。

（3）推进物联网技术的应用

① 加快推进 RFID、二维码等智能标签技术应用。2018 年完成变电站、配电房试点应用，实现设备全生命周期信息自动流转和资产自动盘点；2019 年进一步总结提升；2020 年推广应用。

② 加大基于 5G、北斗等通信技术应用力度，提高数据传输容量和传输安全性。2018 年完成设备监测终端领域试点应用；2019 年进一步总结提升并推广应用。

③ 基于物联网技术，开展生产领域物联网联接管理和数据管理平台建设，实现输变配电设备数据的统一接入和管理，为大数据分析提供统一的数据基础。2018 年完成平台功能测试和部署；2019 年具备设备数据接入和服务能力。

4.2.4　基于大数据和云计算的态势感知

1. 发展方向

在当前设备状态评价的基础上，充分利用大数据及人工智能技术，形成状态评价模型的自动学习、持续迭代、自我完善及异常诊断，实现设备的态势感知，同时，不断完善态势感知的手段和效率，更深层次、更准确反映设备运行状态。未来的发展方向是：充分利用大数据和人工智能技术，从全局视角实现设备状态的实时评价、设备缺陷的精准识别、设备风险的提前预警、设备趋势的模拟预测。

2. 发展举措

（1）推进图像识别技术应用

① 建立典型缺陷样本库。利用人巡、机巡等方式，不断积累可见光、红外等非结构化数据，构建输电、变电、配电的典型缺陷样本库，完善各类缺陷的不

同表现形式与样本数量。2018 年建成典型缺陷样本库，开展试点应用；2019 年实现典型样本库的动态完善；2020 年推广应用。

② 强化机器学习，实现智能识别。构建图像识别机器学习平台，利用各类缺陷的不同特点，强化设备缺陷学习能力和识别能力，实现各类典型缺陷的智能识别与判断。2018 年完成平台搭建，2019 年具备典型缺陷智能识别能力，2020 年达到实用化水平。

（2）完善设备状态评价及趋势预测模型

总结评估在运的国内外设备状态评价模型和 Tableau 等大数据分析软件的应用情况，融合电网、设备和环境等信息，建立基于大数据的设备状态评价和趋势预测模型，进行数据挖掘和模型分析，实时展示设备状态，提高设备状态评价及趋势预测的智能化水平。2018 年总结评估现有成熟模型应用情况；2019 年开展多种模型综合应用试点；2020 年实现主要设备状态评价软件的推广应用。

4.2.5 基于智能驾驶舱的智慧运行

1. 发展方向

综合多类智能技术的应用，构建多层级“设备状态可知、执行过程可视、作业环境可见、绩效指标可现”的智能化生产监控指挥中心，提高设备风险管控力，提升生产指挥穿透力，提高应急处置响应力。未来的发展方向是：现场场景的全息展示、决策过程的全程可视、风险成本的全程可控、指挥决策的高效穿透，实现设备状况一目了然、风险管控一线贯穿、生产操作一键可达、决策指挥一体作战。

2. 发展举措

（1）构建全网集中的网级生产监控指挥中心

2018 年完成网级生产监控指挥中心一期功能建设，初步实现全网设备监测数据集中、跨区关键设备重点评价、全网共性问题的分析发布、全网生产运行健康状态及重大风险管控的全景展示，强化与网级调控中心、应急指挥中心的衔接和协调。2020 年前完善网级生产监控指挥中心功能，全面实现智能全景展示和人机交互，实现网级监测、评价功能在生产过程中的应用。

（2）完善建设各省级生产监控指挥中心

2018 年构建省级生产监控指挥中心，初步实现全省设备状态评价，全省生产运行设备健康状态、重大风险管控及重要运行指标的全景展示，强化与省级调控中心、应急指挥中心的衔接和协调。2020 年前完善各省级生产监控指挥中心功能，全面实现智能全景展示和人机交互，实现省级监测、评价功能在生产过程中的应用。

（3）逐步推广地市级生产监控指挥中心

2018 年逐步完善地市公司生产监控指挥中心试点示范，将生产指挥功能应用于实际生产工作，积累经验，并逐步推广应用，强化与地市级调控中心、应急指挥中心的衔接和协调。2020 年推广地市级生产监控指挥中心，试点应用网省级两级部署功能，实现设备多维数据可视化、设备状态可视化。2022 年完善地市局生产监控指挥中心，全面应用网省级两级部署功能，实现设备多维数据可视化、设备状态可视化、运行风险可视化、计划执行可视化，提供“一站式”决策支持工具。

4.3　泛在电力物联网的科技项目范例

国家能源智能电网（上海）研发中心是首个国家级智能电网技术研发中心，下设 7 个研究室和一个大数据研究中心，研究室主要进行风力发电与储能、智能输变电设备、智能调度、智能配用电、智能保护、应用超导技术、微能源网等方面的研究。中心致力于建设国际领先的智能电网全景研究平台，对智能电网关键技术进行研究和产品开发，采集设备状态、电气状态、环境变量及用能行为等感知连接，运用先进信息通信技术，实现各类数据的灵活接入、泛在聚合，研究成果非常丰富。

4.3.1　模块化综合一体测控平台

综合一体测控平台包含数据采集单元、核心控制单元、人机监控单元和后台监控系统，其系统构架如图 4-10 所示。平台的数据采集单元有分布式智能终端，也有集中式智能终端；核心控制单元是拔插式集中型模块化设计，具有较强的扩展能力；人机界面及后台监控系统，即智能运维管控平台，为远程用户提供了运维监控的功能。整套系统应用物联网的在线监测终端全面感知电气运行信息和设备状态信息，再通过分析中心，对数据信息进行云计算和大数据挖掘分析，最后将分析结果上传到移动互联网平台，实现电气设备运行状态的在线管控，初具泛在电力物联网形态，如图 4-11 所示。

系统可集中组屏安装，也可以分散布置，满足不同现场的安装条件。该平台已经广泛用于配电自动化领域，包括配网大数据云平台数据采集分析、暂态录波型故障指示器、分布式电源并网设备及系统控制、分布式电源安全监测及电能质量管理等场合。

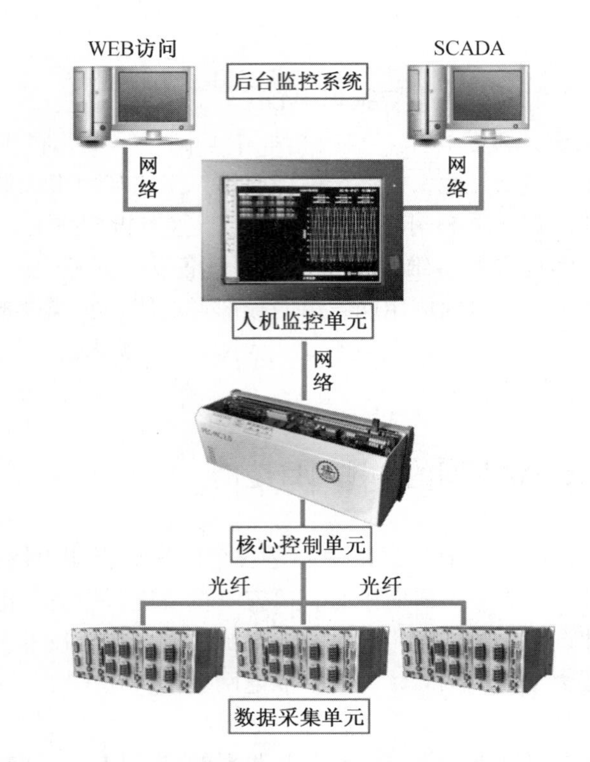

图 4-10　模块化综合一体测控平台系统构架

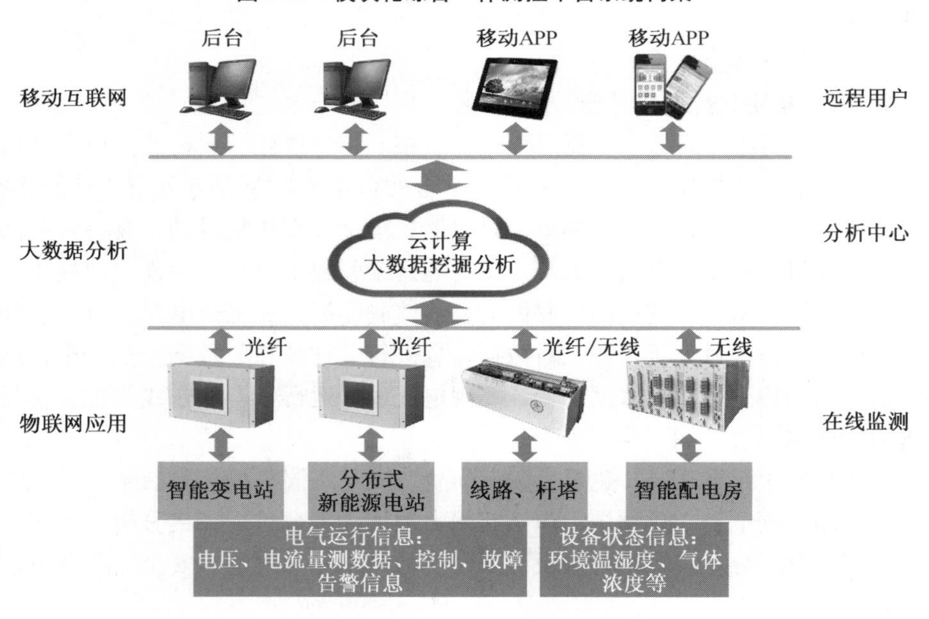

图 4-11　综合一体测控平台技术路线

4.3.2　配电网自动化及电力设备状态检测技术应用

国家能源智能电网（上海）研发中心在感知链接方面有比较深入的研究，主要集中在配电网自动化及电力设备状态检测技术的研究应用。

1. 配电网故障指示及定位系统

该配电网故障指示及定位系统采用的是异步采样-注入谐波信号法对配电网进行故障定位，用有源补偿装置取代无源阻尼电阻，实现电容电流检测时恒流源注入、单相接地故障时补偿接地残流、故障选线、定位时变频信号注入，实现故障准确定位。

线路上装设接触式检测器，站内装设综合故障检测装置、故障定位决策装置和信号注入装置。在中性点接地电阻回路中串接一个功率二极管，形成谐波源。系统发生稳定单相接地故障时，谐波源向零序回路中注入偶次谐波，偶次谐波从谐波源经接地点往变电站侧流动，主要集中在故障线路的故障相中。线路上的检测器将检测到故障相上相电流的偶次谐波含量，将其送至故障定位决策装置，该装置通过比较各个安装点的偶次谐波含量的大小进行故障定位，如图 4-12 所示。

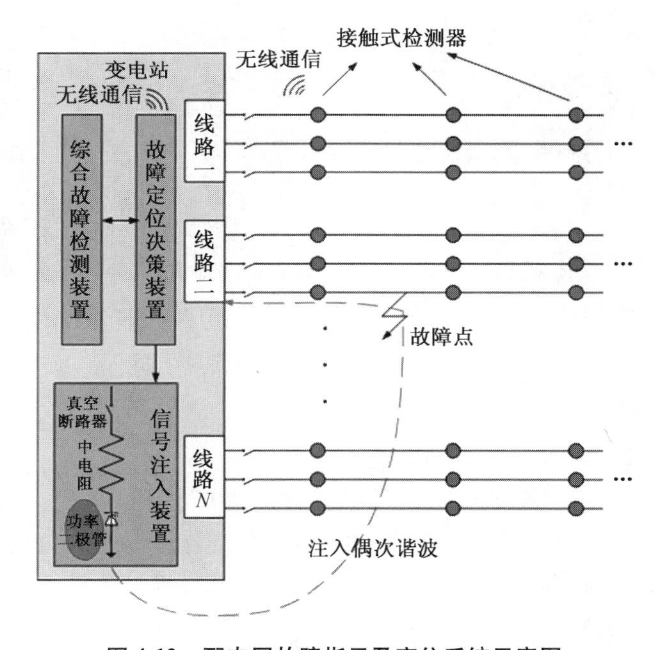

图 4-12　配电网故障指示及定位系统示意图

中性点信号注入源和站内故障检测及定位决策装置如图 4-13 所示。

(a) 中性点信号注入源　　(b) 站内故障检测及定位决策装置

图 4-13　中性点信号注入源和站内故障检测及定位决策装置

线路检测器及 GIS 定位界面如图 4-14 所示。

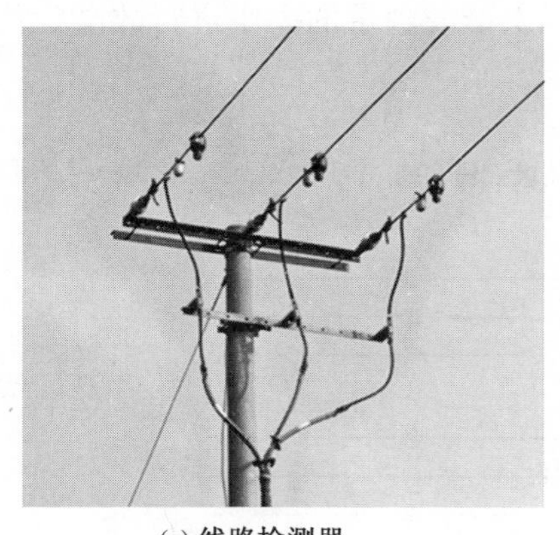

(a) 线路检测器

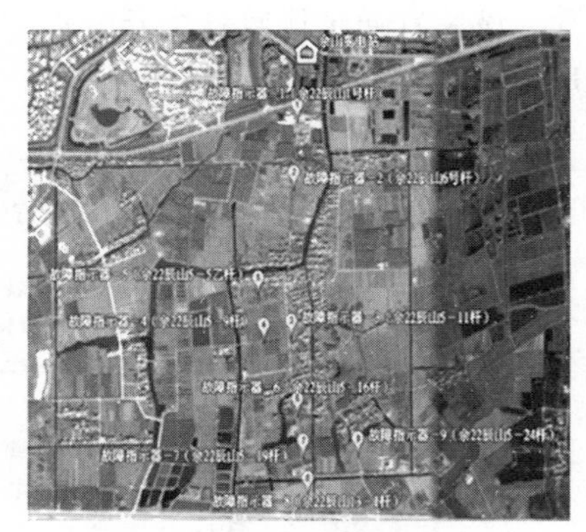

(b) GIS定位界面

图 4-14　线路检测器及 GIS 定位界面

2. 电缆隧道沟井全状态监测系统

电缆隧道沟井全状态监测系统的结构如图 4-15 所示。该系统通过电流互感器、气体检测器、烟感等就地智能监测终端对电缆隧道沟井的负载电流、电缆温度、环境温湿度、有毒气体、易燃气体、水位、烟雾等参数进行检测，通过多参数预警评估数据模型对电缆隧道沟井进行全状态检测和评估预警，并上传到后台检测系统。

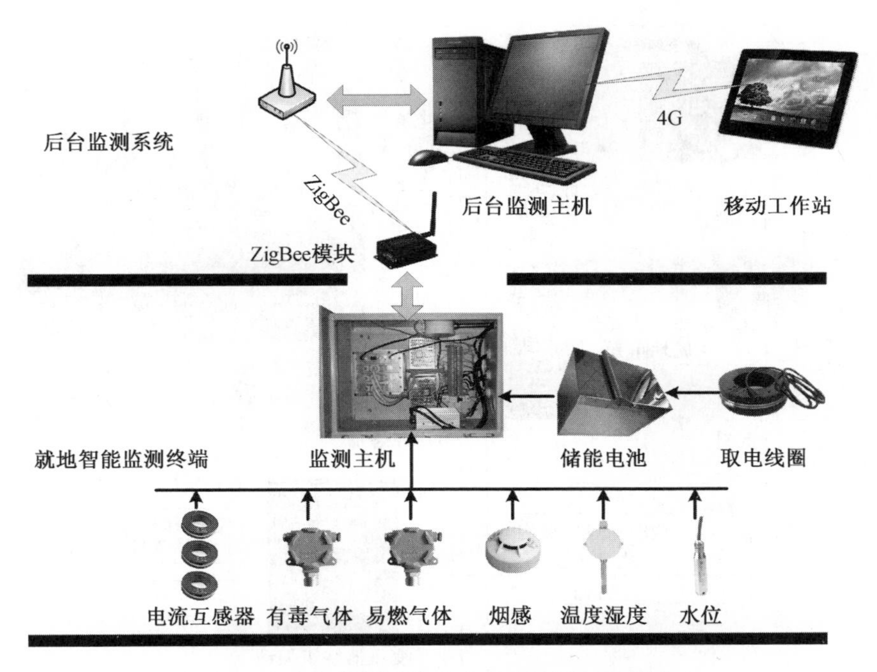

图 4-15　电缆隧道沟井全状态监测系统结构

3. 电力设备状态监测系统

（1）变压器绕组震动监测

由于换流器换相的非线性，直流偏磁产生的大量谐波电流流过换流变压器，造成换流变压器铁芯谐波磁通饱和，绕组电磁力变大使得变压器振动加剧，噪声污染加重，甚至引起变压器的绕组的变形，绝缘性能损坏，降低变压器的寿命。

该监测系统将加速度传感器粘在变压器器身，通过对获取的振动信号进行分析来实现变压器状态监测。系统主要由上位机主控单元、电流电压采集就地单元、变压器绕组振动就地采集单元和通信装置组成，如图 4-16 所示。将三向加速度传感器附在变压器上，通过振动传感器信号线缆就地接入采集单元，再由线缆穿过电缆沟介入系统；另一方面，系统通过电流互感器、电压互感器获取变压器的电流、电压信息，和振动信息一起接入监测主控单元，再通过 DHDAS 测试系统对信号进行测试和分析。

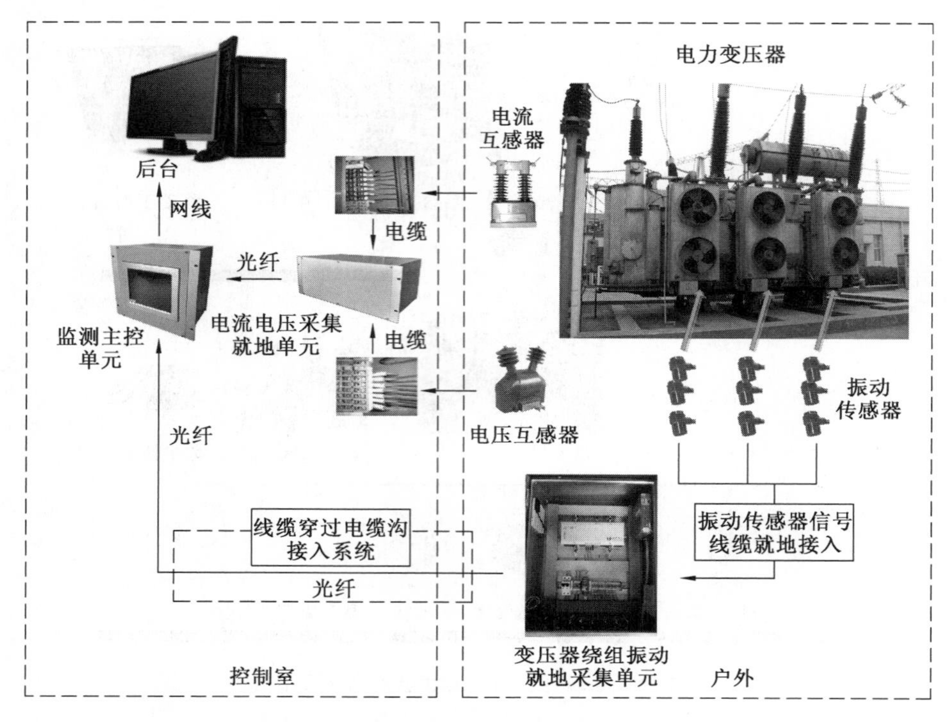

图 4-16　面向变压器振动的分布式监测系统

（2）电缆绝缘状态在线监测

电缆绝缘状态在线监测系统采用高频信号传感器采集电缆绝缘信号，通过核心控制器单元进行处理，上传到人机监控单元，如图 4-17 所示。该系统可以实时监测各电缆的绝缘状态，及时对绝缘异常的电缆进行预警，保证系统的安全可靠运行。系统适用于 6 ~ 220 kV、以电缆为主要供电架构的电网，现广泛应用于电力、冶金、煤矿、石油、化工等行业。

（3）设备在线监测与智能诊断平台

设备在线监测与智能诊断平台首先对设备电量、温度、机械状态、分合闸电流、储能系统，以及设备振动信息进行分布式采集和集中处理，通过无线通信在主站实现数据上传，数据比对、统计分析和数据挖掘等，对设备的运行工况进行诊断和分析，上传到操控平台，实现对设备运行状态监测、故障预警和远程维护，如图 4-18 所示。该平台可应用于变压器、开关等设备的在线监测。

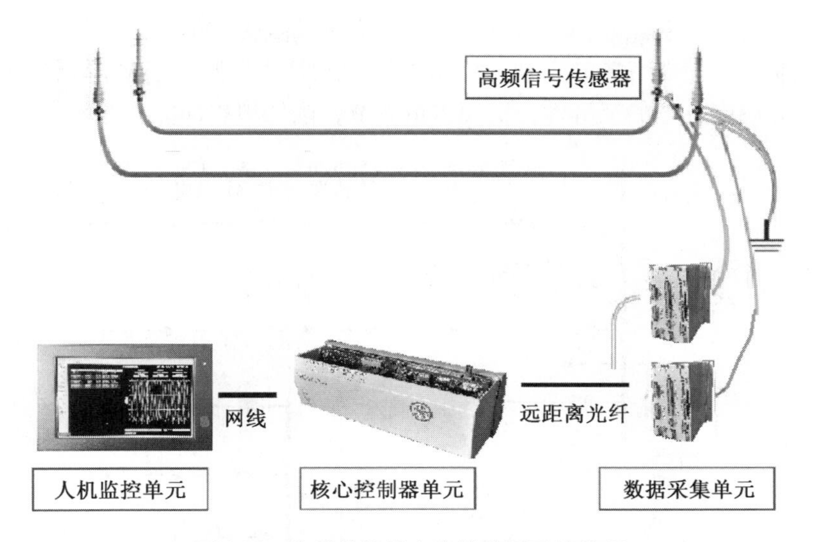

图 4-17　电缆绝缘状态在线监测系统构架

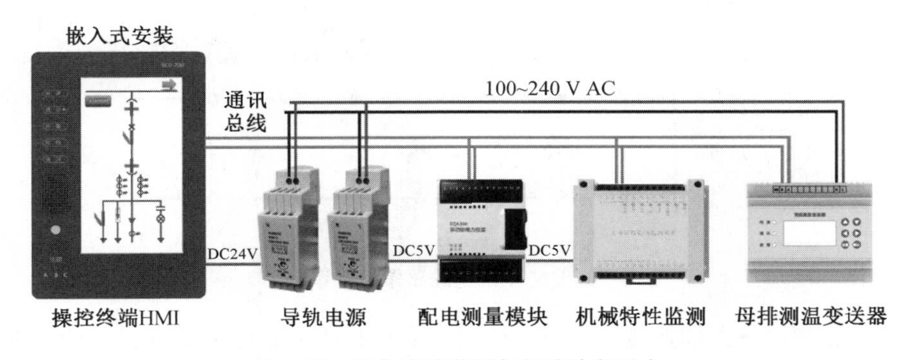

图 4-18　设备在线监测与智能诊断平台

4.3.3　优化储能配置的多配电线路柔性互联技术

现阶段辐射型配电网存在供电可靠性低，电能质量差，难以根据峰谷差电价进行经济性运行，新能源接入能力差，变压器实时负载率波动大，馈线负载不均衡，总变压器需量难以预测等一系列问题，为解决这些问题，研究中心考虑接入储能系统来提高配电网的可控性，实现线路负荷在时间尺度上的转移与调度。然而，储能的高额成本使该方案实际的经济效益偏低，研究中心最终提出了储能 + 配电线路柔性互联方案，如图 4-19 所示。

储能 + 配电线路柔性互联方案通过多端口变换器，实现多条配电线路的柔性互联与储能共用。柔性互联后，各条配电线路可在空间尺度上实现功率平移，具备线路负荷均衡、新能源多网消纳、变压器需量调节等功能，并可提高供电可靠性与电能质量。储能装置的多种功能由柔性互联技术实现，有效降低储能容量，提高智能配用电方案的经济性，实现需量调节，削峰填谷功能。

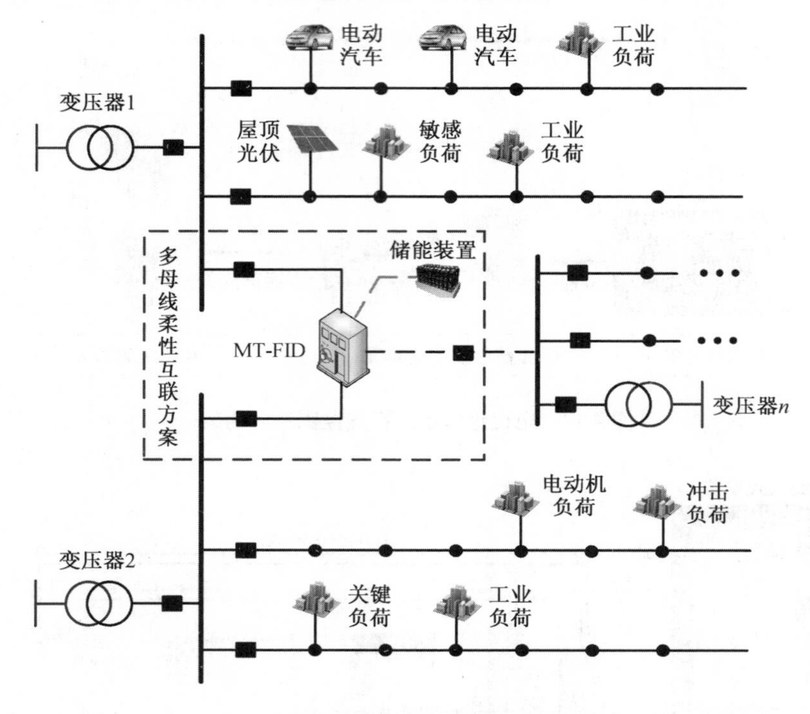

图 4-19　储能 + 配电线路柔性互联方案

将该方案已在某园区进行试点，研究中心对其经济性进行分析，验证了可以通过线间柔性互联的潮流转移，实现电源进线的需量电价调整，并可降低电池容量，减少电池的充放电次数，提高电能转换效率，提升电池寿命。

4.3.4　智能云平台——天合光能紫竹示范基地

国家能源智能电网（上海）研发中心的智能云平台项目致力于成为全球能源物联网的引领，在终端用户、能源物联网、合作伙伴之间建立数据连接，构建了一个“三位一体”的能源物联网生态圈。智能云平台项目以紫竹科技园为示范基地，与天合光能集团合作进行产业化推广，基地共有变压器 2 台，容量为 1250 kVA，分布式光伏总装机容量 324.3 kWP，交流充电桩 6 台，调峰储能 100 kW，300 kWh。通过打造光伏云、储能云、充电云、运维云、能效云、售电云等为基础的开放性应用平台搭建智慧能源云，可为用户实现一站式快速开发和大范围部署，为所有云平台用户提供全面的数据分析、专业的诊断治理、实时的运维售后、高效的解决方案，使其获得所需的数据、状态、报告、运维、设计、改造、收益、金融、电能治理、投资咨询等线上线下综合服务和资讯。

天合光能在能源物联网平台的建设上进行了大量的研究，重点在于大数据分析应用。大数据分析运用大数据、云计算、物联网和人工智能等信息技术和智能技术，挖掘数据价值，拓展数据应用，提升精细化物联管控水平，实现数据资源共享和数据价值创造。通过大数据分析应用，平台可以实现不同类型的客户价值。图 4-20 所示为天合能源物联网平台。

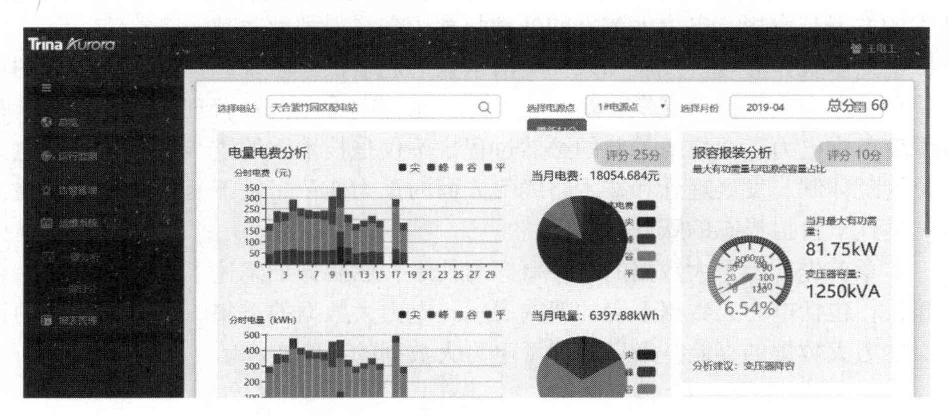

图 4-20　天合能源物联网平台

4.4　本章小结

本章主要阐述了泛在电力物联网的关键技术，这些技术在泛在电力物联网的建设中必不可少。其中，大数据技术作为泛在电力物联网关键技术的“领头羊”，将在下一章节中进行重点阐述。另外，本章对泛在电力物联网的智能化发展进行了阐述，智能化发展的 5 部分的内容代表了泛在电力物联网建设的走向，科技项目的快速推进，正是泛在电力物联网初步探索的优良成果。要做到将这些关键技术有机地结合在一起，充分发挥各自的优势，才能助力泛在电力物联网的稳健推进。

第 5 章　泛在电力物联网中的大数据

泛在电力物联网中分散部署的亿万级的各类传感器持续产生海量的数据，这些感知数据的采集、处理、传输、存储管理、挖掘分析都至关重要。随着大数据技术的发展与应用，电力大数据的处理与利用需要得到越来越多的关注。

电力系统作为经济发展和人类生活依赖的能量供给系统，也具有大数据的典型特征。电力大数据贯穿发、输、变、配、用等电力生产及管理的各个环节，是能源变革中电力工业技术革新的必然过程，不仅是技术上的进步，更是涉及电力系统管理体制、发展理念和技术路线等方面的重大变革，是下一代电力系统在大数据时代下价值形态的跃升。

本章首先介绍了大数据的相关概念与技术，然后详细阐述了电力大数据平台的建设，包括电力大数据平台的架构展示、电力大数据的采集、电力大数据的计算、电力大数据的存储，最后阐述了电力大数据的决策支撑。

5.1　大数据概述

5.1.1　大数据的定义

对于大数据（Big Data），研究机构 Gartner 给出了这样的定义：大数据是需要新处理模式才能具有更强的决策力、洞察发现力和流程优化能力来适应海量、高增长率和多样化的信息资产。麦肯锡全球研究所给出的定义是：一种规模大到在获取、存储、管理、分析方面大大超出了传统数据库软件工具能力范围的数据集合，具有海量的数据规模、快速的数据流转、多样的数据类型和价值密度低四大特征。大数据技术的战略意义不在于掌握庞大的数据信息，而在于对这些含有意义的数据进行专业化处理。换而言之，如果把大数据比作一种产业，那么这种产业实现盈利的关键，在于提高对数据的“加工能力”，通过“加工”实现数据的“增值”。

从技术上看，大数据与云计算的关系就像一枚硬币的正反面一样密不可分。大数据必然无法用单台的计算机进行处理，必须采用分布式架构。它的特色在于对海量数据进行分布式数据挖掘。但它必须依托云计算的分布式处理、分布式数据库和云存储、虚拟化技术。大数据技术体系包括硬件平台、数据存储和管理、计算处理、数据分析、可视化、应用和服务、编程和管理工具、数据安全等内容。

随着云时代的来临，大数据也吸引了越来越多的关注。分析师团队认为，大数据通常用来形容一个公司创造的大量非结构化数据和半结构化数据，这些数据在下载到关系型数据库用于分析时会花费过多时间和金钱。大数据分析常和云计算联系到一起，因为实时的大型数据集分析需要像 MapReduce 一样的框架来向数十、数百或甚至数千的电脑分配工作。大数据需要特殊的技术，以有效地处理大量的数据。适用于大数据的技术，包括大规模并行处理（MPP）数据库、数据挖掘、分布式文件系统、分布式数据库、云计算平台、互联网和可扩展的存储系统。

5.1.2　大数据发展现状

当前，许多国家都认识到了大数据的重要作用，纷纷将开发利用大数据作为争夺新一轮竞争制高点的重要举措，实施大数据战略，为大数据技术、产业的发展提供有利的条件。

1. 数据战略

（1）大数据全球战略布局全面升级

发达国家期望通过建立大数据竞争优势，巩固和加强领先地位。美国作为大数据发展的策源地和创新的引领者，最早正式发布国家大数据战略。2012 年 3 月,美国发布《大数据研究和发展倡议》(Big Data Research and Development Initiative)，将大数据作为国家重要的战略资源进行管理和应用。继美国之后，全球各国家、组织都纷纷在大数据战略推进方面积极行动，各国的大数据发展战略形成以下特点：一是政府全力推动，同时引导市场力量共同推进大数据发展；二是推动大数据在政用、商用和民用领域的全产业链覆盖；三是重视数据资源的开放和管理的同时，全力抓好数据安全问题。

（2）中国加快构建大数据战略体系

中国敏锐地把握了大数据的兴起及发展趋势。在短短几年内，大数据迅速成为我国社会各领域关注的热点。为促进大数据发展，加快建设数据强国，中国政府制定了一系列发展大数据的战略性政策。2015 年 8 月国务院发布《促进大数据发展行动纲要》，提出全面推进中国大数据发展和应用，加快建设数据强国；同年 10 月，中共中央十八届五中全会将“大数据”写入会议公报并上升为国家战略；2016 年 3 月，国家在出台的“十三五”规划纲要中再次明确大数据作为基础性战略资源的重大价值，要加快推动相关研发、应用及治理。2017 年 1 月，《大数据产业发展规划（2016—2020 年)》正式发布，全面制定了“十三五”期间的大数据产业发展计划。

（3）中国的地区大数据发展格局初步形成

在《促进大数据发展行动纲要》发布之前，广东、上海、贵州等地率先启动了大数据地方政策的先行先试。而在《促进大数据发展行动纲要》发布后，各地政府加快跟进。截至2017年2月，全国31个省份均出台了大数据相关政策文件。经过不断的探索与实践，地区大数据发展的梯次格局初步显现。北京、广东、上海等东部沿海地区产业基础完善、人才优势明显，成为发展的核心地区；而地处西部欠发达地区的贵州、重庆等地区，通过战略创新形成先发优势，政府积极实施政策引导，引进大数据相关产业、资本与人才，也在区域竞争格局中占据一席之地。

2. 数据资源

（1）数据总量爆炸式增长

根据国际数据公司（IDC）的《数字宇宙报告》，2020年以前全球数据量将保持40%以上的指数增长速度，大约每两年翻一番。

（2）数据成为核心生产资料

与农业时代的土地、资源、劳动力相比，工业时代的技术、资本不同的是，数据是人类自己创造的全新的生产资料。在互联网没有出现之前，数据就已经存在，但互联网的发展才使数据流动和利用变得更为容易。数据用于记录、反馈和提升互动体验，过往杂乱、无用、静态的数据因为流动而变得鲜活，数据拥有了生命，能够用于量化决策与预测。发掘数据价值的技术成本降低，数据可以用在全局流程及价值优化，并且实现真正的数据业务化，产生新的社会经济价值。

（3）判断数据价值成为数据管理的核心能力

数据总量的爆炸性增长也给存储、分析和使用大数据带来了挑战。据统计，当下世界各大公司存储的数据中充斥着半数以上的价值模糊的暗数据，在总体中的占比能够达到52%；此外还有大约33%的历史数据处在难以发掘的尴尬处境，或是失去了时效性，或是难以进行二次利用且价值含量过低。因此，除数据总量构成的挑战以外，大数据自身所包含的模糊性、时效性、冗杂性，都对海量数据的价值挖掘能力提出了更高的诉求。因此，迫切需要开发者与决策者加快对大数据处理技术和分析能力的研究进程。

3. 数据流动

（1）跨境数据流推动全球化进入新阶段

麦肯锡全球研究院（MGI）发布的《数字全球化：新时代的全球性流动》（Digital Globalization：The New Era of Global Flows）报告提出，“2008年以来，在全球商品流动趋缓、跨境资本流动出现下滑的趋势下，全球化并没有因此而逆转或停滞。相反，因为跨境数据流的飙升，全球化进入了全新的发展阶段。”

（2）数据开放建设取得初步成效

在2014年由澳大利亚Lateral Economics所发布的*Open for Business*：*How Open Data Can Help Achieve G20 Growth Target*报告中就明确指出，开放数据将能够帮助G20国家在5年内实现1.1%的GDP增长，而单这一项带来的增长就已占了G20国家5年GDP增长总目标的50%。

（3）中国推动全国范围的数据开放

面对开放数据所能带来的巨大潜能，中国正推动全国范围的数据开放，构建交易平台成为促进数据流通主要举措。数据交易平台是数据交易行为的重要载体，可以促进数据资源整合、规范交易行为、降低交易成本、增强数据流动性。2015年前成立并投入运营的有北京大数据交易服务平台、贵阳大数据交易所、长江大数据交易所、东湖大数据交易平台、西咸新区大数据交易所和河北大数据交易中心。2016年新建设的有哈尔滨数据交易中心、江苏大数据交易中心、上海大数据交易中心以及浙江大数据交易中心。据贵阳大数据交易所发布的《2016年中国大数据交易白皮书》显示，中国的大数据交易市场在2015年的规模为33.85亿元，预计到2020年或将提升至545亿元。

4. 数据产业

（1）大数据产业核心层将保持每年40%的增长速度

目前大数据产业的统计口径尚未建立，对于中国大数据产业的规模，各个研究机构均采取间接方法估算。通常认为，大数据产业核心层主要是指围绕大数据采集、存储、管理和挖掘等环节所形成的产业链条。中国大数据行业仍处于快速发展期，36氪研究院认为2018年中国大数据产业规模将超过500亿元，复合增长率为47.0%，是全球复合增长率的2.2倍。据中国信通院（CAICT）数据显示，2017—2018年大数据核心产业还有着40%左右的高增长空间。

（2）大数据产业规模2020年将突破1万亿元

广义大数据产业已超出了信息产业的范畴，其范围涵盖到关联层与衍生层各大领域的应用。2017年1月发布的《大数据产业发展规划（2016—2020年）》中所使用的大数据产业范围，其定义首先包含了围绕数据的采集、存储、加工等一系列经济现象，同时还涉及数据资源本身和相关硬件的产销环节，此外信息技术服务也可以归纳在内。该规划还提出，到2020年大数据产业要突破1万亿的规模，年均复合增长率要大致达到30%。

5.1.3 电力大数据技术

智能电网是将信息技术、计算机技术、通信技术和原有输、配电基础设施高度集成而形成的新型电网，具有提高能源效率、提高供电安全性、减少环境影响、提高供电可靠性、减少输电网电能损耗等优点。智能电网的理念是通过获取更多的用户如何用电、怎样用电的信息，来优化电的生产、分配及消耗，利用现代网络、通信和信息技术进行信息海量交互，来实现电网设备间信息交换，并自动完成信息采集、测量、控制、保护、计量和监测等基本功能，可根据需要支持电网实时自动化控制、智能调节、在线分析决策和协同互动等高级功能，因此相关研究者指出：可以抽象地认为，智能电网就是大数据这个概念在电力行业中的应用。

云计算能够整合智能电网系统内部计算处理和存储资源，提高电网处理和交互能力，成为电网强有力的技术组成；大数据技术立足于业务服务需求，根植于云计算，以云计算技术为基础；智能电网可以抽象的认为是大数据这个概念在电力中的应用，所以三者是彼此交互的关系，如图 5-1 所示。

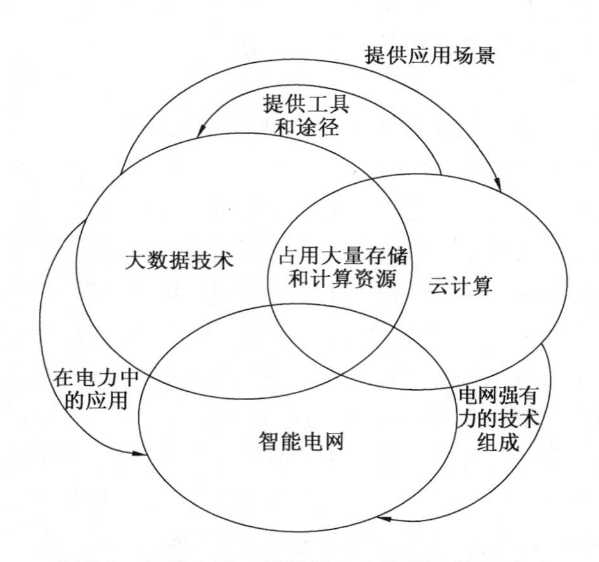

图 5-1　智能电网、云计算、大数据的相互关系

智能电网、云计算、大数据三者之间的关系，从更深层次来讲，是电力系统发展到不同阶段的产物，具有代际传承的特点。图 5-2 从代际传承的角度描述了三者之间的相互关系。

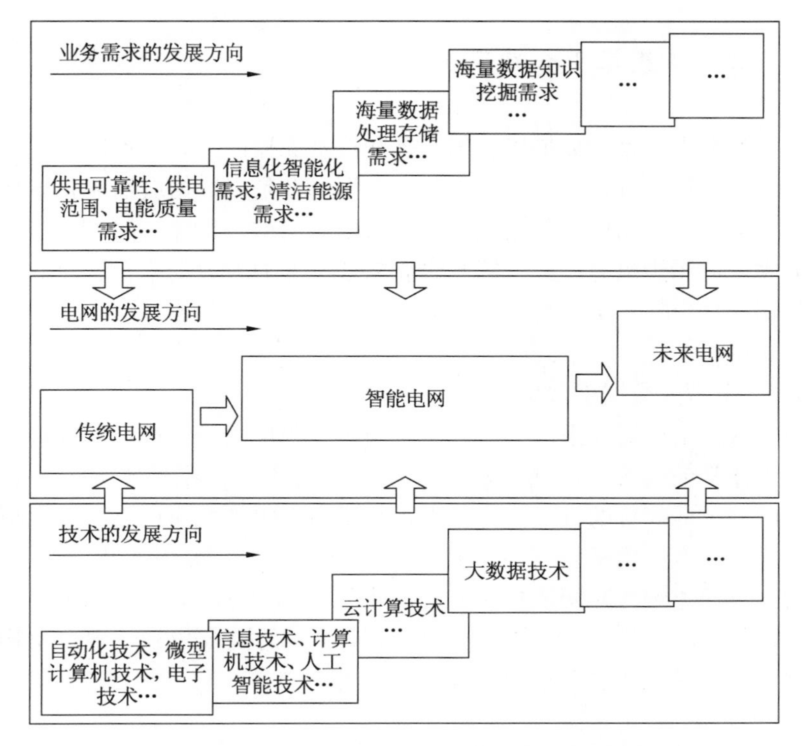

图 5-2　智能电网、云计算、大数据的代际传承关系

智能电网是信息技术、计算机技术、人工智能技术等在传统电网上应用沉淀的结果，满足电网信息化、智能化、清洁化等高层次的运营和管理需求，既是对传统电网的继承，也是对传统电网的发扬，所以其发展必然与新技术同步。来自于计算机和信息技术领域最前沿的云计算技术和大数据技术，正是其发展阶段技术层面和应用层面两个具有划时代意义的新技术。云计算技术中的分布式存储技术和并行计算技术，满足了电网海量数据的存储和计算需求，因此云计算技术推出不久，电力云的概念就提了出来，云计算技术在电力系统中的应用也逐渐呈现出百花齐放的态势，推动了智能电网的发展。大数据技术既是传统数据分析与挖掘技术的延续，也是数据量级增长到一定阶段时知识挖掘与业务应用需求的必然产物，因此大数据技术的大部分应用都以云计算的关键技术或者与云计算类似的分布式存储和处理技术为基础。电力大数据技术的发展从某种意义上讲，可以看作云计算技术在智能电网中高级业务需求的实现过程。

5.2 电力大数据平台建设

电力大数据平台是大数据应用的基础和技术支撑，为大数据应用提供数据基础以及存储、计算、分析等能力，因此大数据平台是大数据应用真正落地的有力支撑。由于电力大数据应用与其他行业大数据应用的差异性，当前一些大数据平台并不能完全适用于电力行业，因此研究与开发电力大数据平台，以此支撑电力大数据应用，显得非常必要且迫切。

5.2.1 电力大数据平台架构

电力大数据平台需要采取灵活的分层架构，各层之间通过标准的接口进行衔接。由于工作任务（数据共享、数据处理、数据计算、数据分析等）要按照工作流驱动的可灵活配置的方式执行，平台每层内部组件之间也需要通过标准的接口来实现集成。考虑到平台支持多种类型任务（在线、离线、流式、批量等），并且在线分析任务响应时间要求较高，因此平台的计算层需要使用多种计算模式（常规计算、分布式计算、流式计算、内存计算）的混合架构。平台架构设计包括应用架构、技术架构、数据架构等。

1. 应用架构

大数据平台按照功能组件主要分为核心平台、数据服务、服务配置、运维支撑、自助分析、门户终端、安装部署等。电力大数据平台的应用架构如图 5-3 所示。

① 核心平台。主要实现对数据的采集、存储、处理、分析，包括数据采集、数据存储、传统及新型数据处理、算法模型、数据驱动的工作流等组件，是平台的核心部分。

② 数据服务。主要包括数据分析服务、数据挖掘服务、数据共享服务、数据交互服务等组件，是直接给大数据平台的数据分析用户提供服务或者给大数据应用提供接口的组件。

③ 服务配置。主要是对各类任务进行配置的组件，包括抽取 - 转换 - 加载（Extraction - Transformation - Loading，ETL）任务、离线任务、实时任务、分析任务的配置。

④ 运维支撑。主要实现对平台的管控及数据管控，包括平台管控组件和数据管控组件。

⑤ 自助分析。主要实现用户的自助分析，包括固态报表、多维分析、自助分析、仪表盘等组件。

⑥ 门户终端。主要是支持各类终端，包括桌面终端、移动终端、大屏幕终端的组件。

⑦ 安装部署。主要是对大数据平台安装部署支持的组件，包括模块安装、环境检测、基础配置等组件。

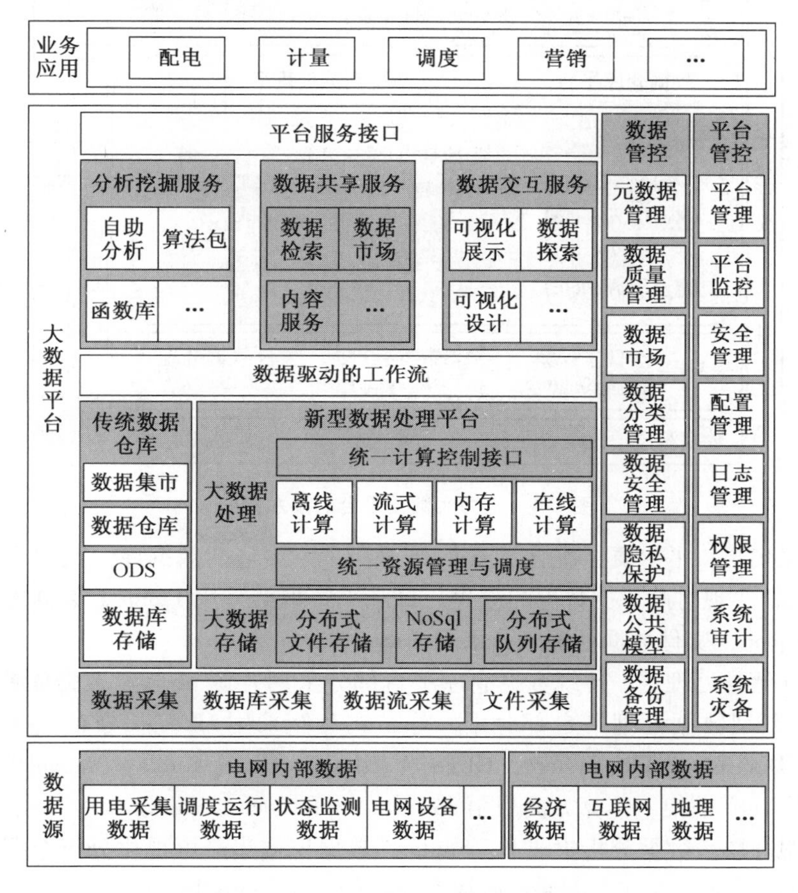

图 5-3　电力大数据平台的应用架构

2. 技术架构

电力大数据平台采用多层分层架构，利用当前大数据主流技术，保证平台的技术先进性。电力大数据平台的技术架构如图 5-4 所示。

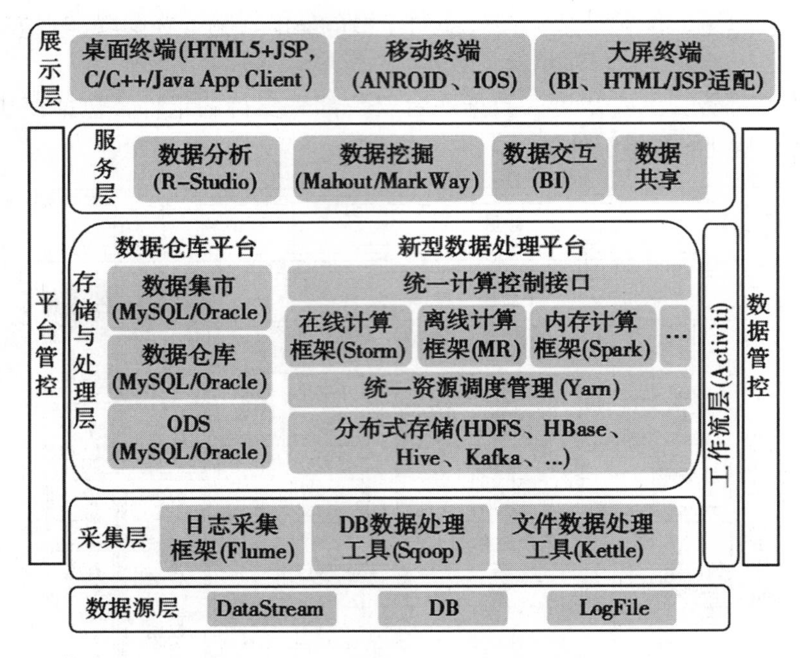

图 5-4　电力大数据平台的技术架构

① 采集层。平台要适配多源异构数据源，主要包括数据库、数据文件、实时数据流，实现对此 3 类数据的采集。日志采集框架采用 Flume，数据库抽取工具采用 Sqoop，文件数据处理工具采用 Kettle。

② 存储与处理层。传统数据仓库平台部分采用开源 MySQL 数据库或 Oracle 数据库。新型数据处理平台部分中，分布式存储采用 Hadoop 分布式文件系统（Hadoop Distributed File System，HDFS）、HBase、Hive、Kafka、MangoDB，资源管理采用 Yarn 框架，计算方面采用 Storm、MapReduce、Spark。

③ 服务层。数据分析集成 R－Studio，数据挖掘集成可视化分析挖掘工具和分布式算法，数据交互方面使用敏捷商业智能（Business Intelligence，BI）。

④ 展示层。采用 Web 浏览器，使用 HTML5＋JSP，实现泛屏多终端的可视化呈现，包括桌面终端、移动终端、大屏终端等。

⑤ 工作流层。实现对各类型任务（ETL 任务、计算任务、分析挖掘任务）的统一组装和调度管理，采用 Activiti。

⑥ 平台管控层。采用开源 Ganglia 来实现对平台各类集群的监控。

3. 数据架构

大数据平台数据以 IEC CIM、SG－CIM 为标准，平台目前可存储处理电力系统中除数据采集与监视控制系统（Supervisory Control And Data Acquisition，SCA-

DA）外的其他数据。电力大数据平台的数据流向如图 5-5 所示。

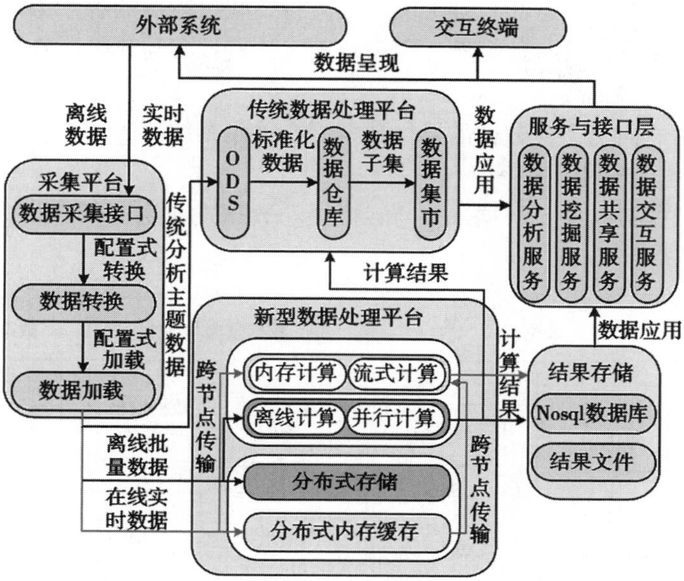

图 5-5　电力大数据平台的数据流向

① 数据从外部数据源中通过批量和实时采集，经过采集层 ETL 过程，进入传统数据处理平台或者新型数据处理平台。

② 在传统数据处理平台和新型数据处理平台中，对数据进行存储和处理。新型数据处理平台通过对数据的海量计算及分析挖掘能力，计算结果可进入传统数据处理平台的数据集市，也可以直接以文件输出或存入 NoSQL 数据库。

③ 服务与接口层通过从数据仓库或结果文件、NoSQL 数据中加载数据，实现数据分析挖掘。

④ 服务与接口层数据分析结果以网页方式展示给用户或者以接口调用输出数据方式返回给调用者。

5.2.2　电力大数据采集

电网数据大致分为三类：

① 电力企业生产数据，如装机容量、发电利用小时数等数据。

② 电力企业运营数据，如阶梯电价、用电客户、全社会用电量等数据。

③ 电力企业管理数据，如 ERP、协同办公等数据。电网数据，尤其是生产数据大多来自于分布在各处的现场采集装置，具有数据质量差、种类混杂、类型不一致的特点。

外部数据的来源更多，包括国民经济、宏观政策、法律法规、气象、地理、水文等对电力生产、运营和管理可能产生直接或间接影响的各个方面。外部数据源的统计口径多样，一些数据例如国家政策无法直接参与建模，在数据的收集和使用方面存在诸多挑战。

以下介绍面向电力大数据的异构数据混合采集系统。

1. 系统逻辑架构

系统由数据接口层、数据采集与转换层和数据发布层三部分组成，如图 5-6 所示。

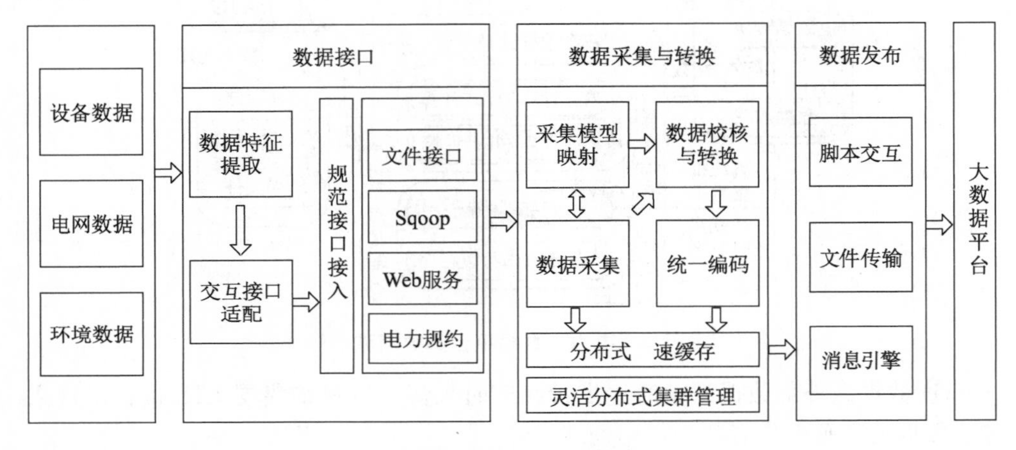

图 5-6 系统逻辑架构图

数据接口解决了不同类型采集数据接入方式的问题，数据经过特征提取识别数据格式和交互方式，适配对应的交互接口。数据采集基于大数据分布式集成技术，形成一个在线分布式的采集平台，基于灵活分布式集群将异构系统的多源数据进行统一采集。数据校核与转换基于分布式的内存数据库技术，实现了采集数据的高速刷新和处理。多样化的数据校核和转换，把数据集大规模操作分发给网络上的每个节点，实现海量数据处理的实时性和可靠性。引入电力对象注册中心作为全局对象的统一管理设施。数据发布基于高速实时总线技术，提供海量实时数据的消息总线，实现集数据的实时交换和发布。

2. 系统存储架构

系统采集的数据最终提交给大数据平台，存储于 HDFS 分布式存储、HBase、Hive 数据库中。分类数据对应的存储模式如图 5-7 所示。

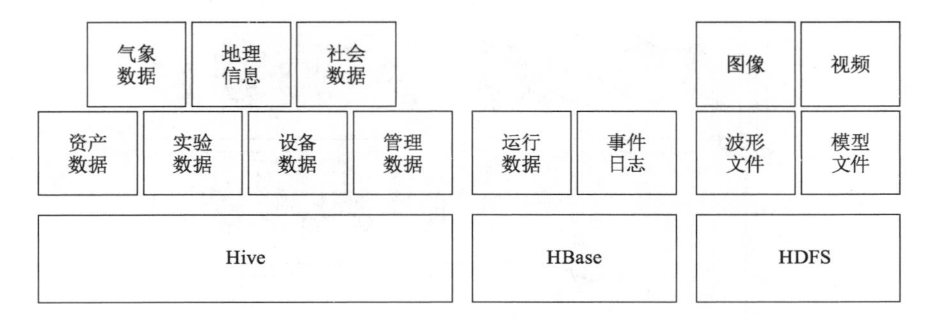

图 5-7　系统数据存储架构图

结构化数据分为两种：一种是周期获取的非实时类数据，比如资产数据、实验数据、设备数据、管理数据、气象数据、地理信息和社会数据，此类数据具有固定的表结构，通常用 SQL 查询，存放在 Hive 数据库中；另一类是实时数据，比如电网运行数据，采集速率在毫秒级和秒级，事件日志类突发性强的数据，此类数据对数据吞吐性能要求较高，且访问方式较为单一，一般按时间序列和对象 ID 查询，采用键值对方式存放在 HBase 数据库中。半结构化数据，如波形文件、模型文件和非结构化数据以文件形式存放在 HDFS 分布式存储中。非实时类结构化数据通过 Sqoop 脚本定时从源系统增量抽取到 Hive 数据库中；实时类结构化数据由源系统发布到 Kafka 总线的实时数据主题中，采集端通过订阅相关主题数据存储到 HBase 库中；半结构化数据与非结构化数据通过文件传输协议存储到 HDFS 文件系统的按照文件类别和时间分类的目录中。

3. 系统部署架构

系统采用 PC 服务器和虚拟化技术部署，主体功能部署在生产管理区，需要与互联网交互的功能，如互联网上社会数据的获取、气象台预报数据的获取等部署在 DMZ 区。系统部署架构如图 5-8 所示。

前端采集集群负责与其他业务系统交互，采集各类数据，其中互联网数据需要通过 DMZ 区的互联网采集代理获取并缓存数据，再由前端采集集群发起二次采集；数据转换集群负责采集数据的校验、转换和编码；最后，由数据发布集群按照数据类型特征将数据存储到大数据平台的 Hive、HBase 和 HDFS 中。系统与外部业务系统间通过生产管理大区的综合数据网交互；系统与互联网之间的数据采集通过 DMZ 区防火墙交互，数据交互只能由采集集群发起单向数据获取，从而保证内部系统与外部环境的安全隔离。

拥有以上架构的数据采集系统，即可实现异构数据源的混合接入和集群管理，实现采集数据的高速缓存与刷新；海量采集数据的数据质量校验与转化；采集数据的统一编码、实时交换和数据接入情况的监视等功能。

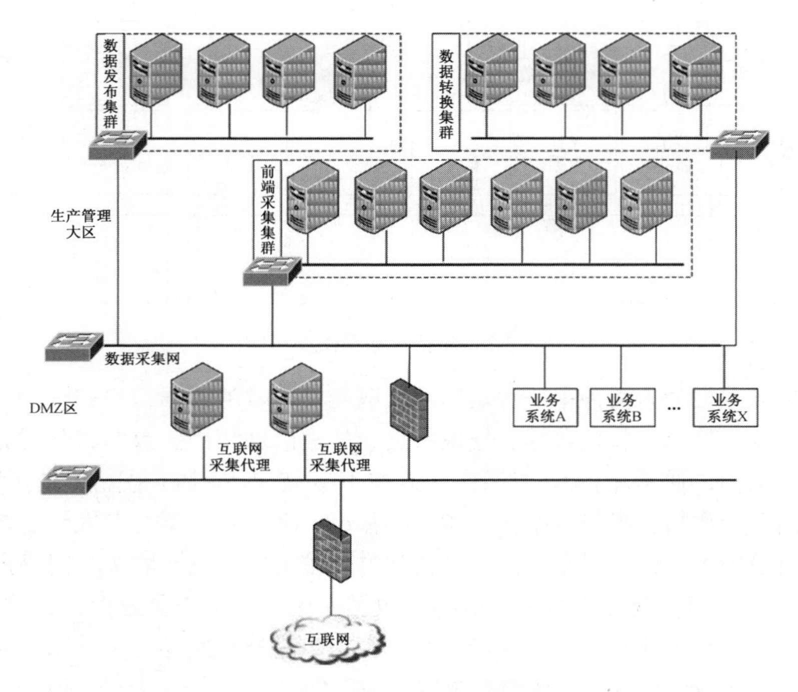

图 5-8　系统部署架构图

5. 2. 3　电力大数据计算

电力大数据的数据处理技术包括分布式计算技术、内存计算技术、流处理技术等，这 3 种技术适用的对象和解决的主要问题如图 5-9 所示。分布式计算技术是为了解决大规模数据的分布式存储与处理。内存计算技术是为了解决数据的高效读取和处理在线的实时计算。流处理技术则是为了处理实时到达的、速度和规模不受控制的数据。

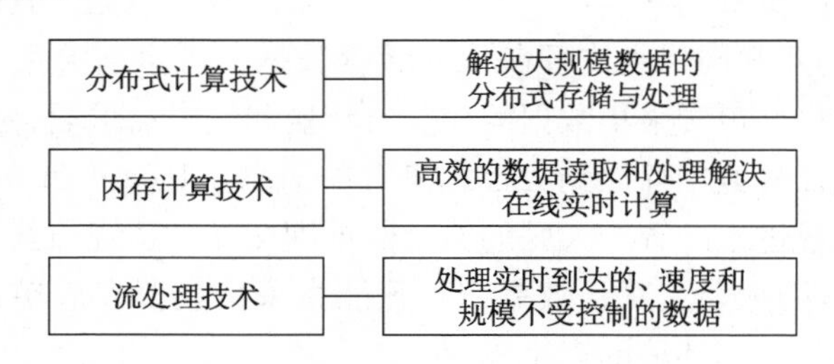

图 5-9　大数据处理技术适用的对象

分布式计算是一种新的计算方式，研究如何将一个需要强大计算能力才能解决的问题分解为许多小的部分，然后再将这些部分分给多个计算机处理，最后把结果综合起来得到最终结果。分布式计算的一个典型代表是 Google 公司提出的 MapReduce 编程模型，该模型先将待处理的数据进行分块，交给不同的 Map 任务区处理，并按键值存储到本地硬盘，再用 Reduce 任务按照键值将结果汇总并输出最终结果。分布式技术适用于电力系统信息采集领域的大规模分散数据源。

内存计算技术是将数据全部放在内层中进行操作的计算技术，该技术克服了对磁盘读写操作时的大量时间消耗，计算速度得到几个数量级的大幅提升。内层计算技术伴随着大数据浪潮的来临和内存价格的下降得到快速的发展和广泛的应用，EMC、甲骨文、SAT 都推出了内存计算的解决方案，将客户以前需要以天作为时间计算单位的业务降低为以秒作为时间计算单位，解决了大数据实时分析和知识挖掘的难题。

流处理的处理模型是将源源不断的数据组视为流，当新的数据到来时就立即处理并返回结果，其基本理念是数据的价值会随着时间的流逝而不断减少，因此尽可能快地对最新的数据做出分析并给出结果，其应用场景主要有网页点击的实时统计、传感器网络、金融中的高频交易等。随着电力事业的发展，电力系统数据量不断增长，对实时性的要求也越来越高，将数据流技术应用于电力系统可以为决策者提供即时依据，满足实时在线分析需求。

5.2.4　电力大数据存储

电力大数据的存储是电力大数据分析使用的基础，对这些数据的存储不仅要求可以产生包括报表、曲线分析图、柱状分析图、饼状分析图等，还要求为数据获取、数据挖掘、数据展示、数据管理、数据告警、数据共享、数据安全为一体的电力数据综合查询分析工具提供数据基础和支撑。电力大数据存储架构如图 5-10 所示。

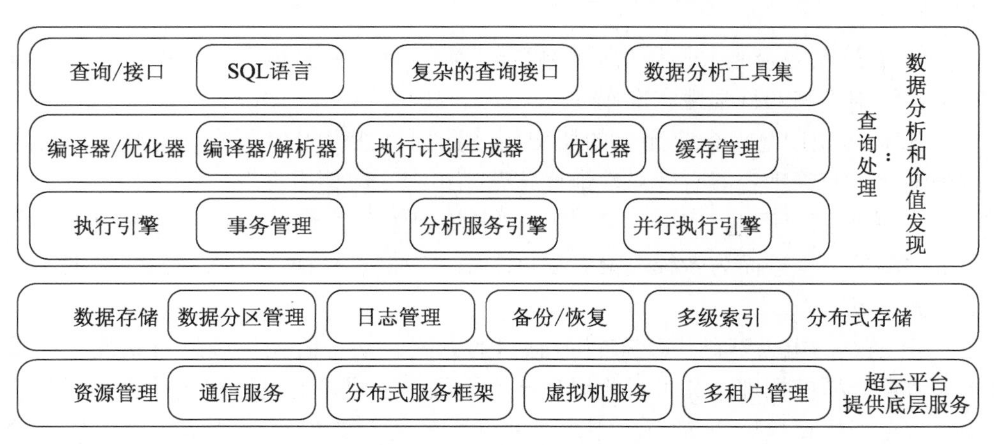

图 5-10　电力大数据存储架构

1. 基于缓存的性能提升

对于电力大数据的处理性能提升可以设置 1 个缓冲层，鉴于相邻操作的数据会存在某种内容上的关联甚至是子集的关系，则将本次操作的数据存储于缓冲层中，下次操作可直接从缓冲层中提取数据，极大地提高了处理效率，较好地解决了高并发读写对技术方案选择造成的矛盾。

2. 面向电力大数据的存储系统自优化技术

面向电力大数据的存储系统自优化技术主要包括两方面：一是面向电力大数据的存储系统配置自优化技术，是研究异构分布式存储跨层配置降维机制和应用感知的多节点协同配置优化技术，设计自适应的动态采样自优化算法；二是面向电力大数据的存储节点自调节技术，是研究面向电力大数据的分布式存储系统中存储技术和架构的优化问题，实现存储系统节点数据的自调节算法，使得节点数据的均衡分布以及新增节点的优化部署等问题得到解决。

在面向电力大数据的存储系统中，构建大数据的索引结构可以使得一些常见操作执行代价更低。因此要研究电网大数据特征与各类检索对查询系统体系结构逻辑结构的需求，进而构建适应电力大数据特征的索引体系结构。

5.3 电力大数据决策支撑

5.3.1 电力大数据决策应用方向

电力行业数据量大、类型多、价值高，对于电力企业盈利与控制水平的提升有很高的价值。目前电力大数据的数据决策围绕以下几个方面开展：

① 通过宏观经济运行数据，开展电力供需预测，提升电网企业负荷预测的准确性。

② 通过电力企业大量历史统计数据，研究建立企业经营管理模型，提升电网企业计划编制的科学性和准确性。

③ 通过使用电力企业庞大的历史销量数据，进行用户用电行为分析和用户市场细分，使管理者能有针对性地优化营销组织，改善服务模式。

④ 挖掘用户用电与电价、天气、交通等因素所隐藏的关系，完善用户用电需求预测模型，进而为各级决策者提供多维、直观、全面、深入的预测数据，主动把握市场动态。

⑤ 通过为电力基础设施布置传感器的方式，动态监控设施运行状况，并基于大数据分析挖掘理念和可视化展现技术手段，采用并集成了在线检测、视频监控、应急指挥、检修查询等功能，帮助电力公司有效识别预警即将发生故障的设备。

⑥ 整合电力行业生产、运营、销售、管理的数据，实现电力发电、输电、变电、配电、用电、调度全环节数据共享，用电需求预测驱动优化资源配置，协调电力生产、运维、销售的管理，提升生产效率和资源利用率。

⑦ 利用电力行业数据可给用户提供更加丰富的增值服务。例如，通过给用户提供其各月份分时明细用电视图，可让用户了解自身用电习惯并能根据需要进行调整，同时也使得电力收费过程更透明。随着无线传感器和大数据分析的普及，智能恒温控制器等新型工具进入大型楼房和普通消费者家庭成为可能，未来这些技术将给用户带来很大的节能空间。

⑧ 根据大数据理论，将人口调查信息、用户实时用电信息、地理、气象等信息全部整合，可以设计一种“电力地图”。该图以街区为单位，可以反映各时刻的用电量，并可将用电量与人的平均收入、房屋建筑类型等信息进行比照。通过完善“电力地图”，能更准确地反应该区经济状况及各群体的行为习惯，以辅助投资者的决策，也可为城市规划和电网规划提供基础依据。

5.3.2　电力大数据决策的关键路径及方法

经研究发现，在国内外先进企业中，已经开始对数据进行深入挖掘与分析，并且已形成一套比较成熟的路线图与方法论。运用这套方法论，企业能充分而快速地利用现在成熟的软件工具，唤醒企业内部沉睡的数据，与外部数据交互。

1. 实现电力企业内部数据整合

由于企业内部业务流程、业务模式并不是完全标准化数据，这就要求企业做到标准化数据与非标准化数据的整合，实现经营业绩、业务模式、用户行为、员工管理这四个方面数据化，便于企业数据的统一管理。经过研究分析，使用云平台技术是重构传统应用的一种先进技术手段。

2. 建立大数据平台，实现内外数据整合

在实现企业内部数据整合后，企业应做到在不改变系统架构的前提下实现内外应用集成与数据整合，并能够与第三方外部系统交互，这需要搭建统一的数据平台，能够同时采集内部及外部的信息，并通过整合分析，输出决策应用数据，过程中由于企业内部数据整合情况限制，企业可以根据自身情况有限选择第三方大数据服务。

3. 建立分析模型，实现内外部数据的处理与分析

实现内外部数据整合后，还需要考虑建立分析模型。分析模型是企业利用数据的重要手段。要想获得有价值的数据，必须有适当的，科学的分析模型。因此企业在数据利用过程中，要不断的对分析模型进行优化完善。

4. 从感知层到应用层，建设泛在电力物联网大数据分析是关键

感知层是泛在电力物联网建设的基础，要通过对设备状态监测等感知链接方面进行大量的研究，准确获取电力设备数据、反馈设备所处环境，全面感知电网运行状态。在有了庞大、全面的数据量的基础上，如何将数据化为己用，实现“三型两网”能源互联网企业对内、对外业务的落地，是现阶段泛在电力物联网建设的核心关键，即：要做好数据分析处理、数据挖掘，让数据价值最大化、最优化，才能更好地支撑应用层。

大数据分析处理可以挖掘出许多用户价值：

① 信息价值。包括能耗能效信息及时获取、预警告警及时知晓等。

② 分析价值。包括能耗能效数据多方位分析获取、专家级分析诊断支持等。

③ 效率价值。包括设备/系统能效提升、能效管理效率提升等。

④ 用能价值。包括能耗降低/节约成本、用能质量改善等。

5.4 本章小结

本章主要对泛在电力物联网中的核心技术——大数据技术进行了阐述与分析。结合大数据在电网中的应用，首先阐述了电力大数据的概念、发展现状及电力大数据所需要的子技术。接着对电力大数据平台的建设进行了阐述，其中包括电力大数据平台的架构、电力大数据的采集、计算、存储。最后对电力大数据的决策支撑给出了决策分析模型的建立方法。运用好电力大数据，才能扎实地构建泛在电力物联网。

第 6 章 泛在电力物联网建设

明确了泛在电力物联网的内涵，拥有了建设泛在电力物联网的关键技术，那么下一步就是确定具体该如何建设泛在电力物联网。建设泛在电力物联网应首先分层考虑，即感知层建设、网络层建设、平台层建设、应用层建设；然后统筹兼顾，总领全局。

本章分别从泛在电力物联网的四个层次出发，详细阐述了该怎样建设泛在电力物联网，具有深刻的指导意义。

6.1 感知层建设——全息感知

6.1.1 电网状态全面感知

“十二五”规划纲要明确指出：“要适应大规模跨区输电和新能源并网发电的要求，加快现代电网体系建设，进一步扩大西电东送规模，发展特高压等大容量、高效率、远距离先进输电技术”。印度、拉美、欧洲等国家和地区也都根据本地区经济和社会发展需要制定了相应的电网互联规划。但是，互联也会给电网的运行、控制带来不利影响。与小电网相比较，由于大电网覆盖地域广，网络结构复杂，不确定性增加，电网运行更易受事故和外界因素影响，极端气象条件、连锁性事故反应等常常是造成大型互联电网灾难性事故发生的原因所在。欧洲停电、巴西停电等一系列事故调查报告的分析结果也表明，缺乏大电网运行的广域信息支撑、状态感知（事前风险感知及评估）、协调控制和紧急事故处理能力，是导致停电事故扩大的重要原因。

感知终端用于采集电网安全稳定运行所需的多种状态参量，它发挥着基础而广泛的作用。因此，积极构建应用于泛在电力物联网的感知架构，具有极其重大的意义。图 6-1 所示为 Terminal – 智能感知架构。

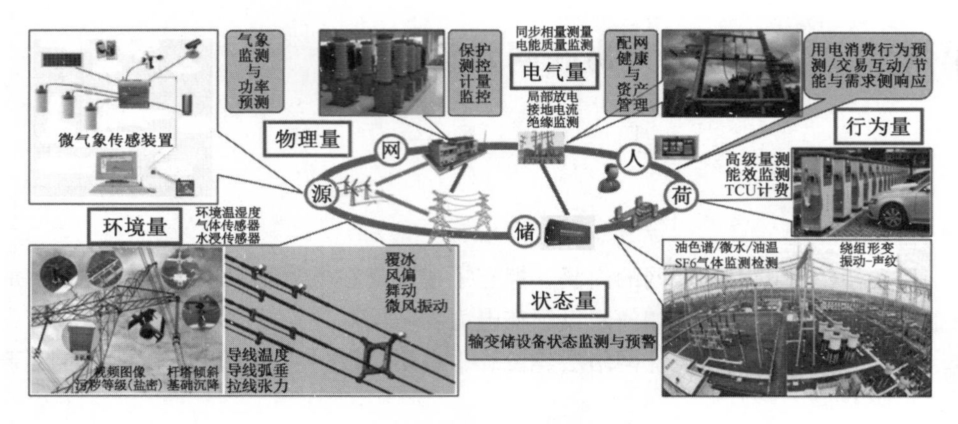

图 6-1　Terminal – 智能感知架构

大电网事故风险防范的关键在于建立电网事故风险的流程化处理机制，实现电网事故风险的事前感知、在线监测、分析、评估和辅助决策处理，增强调度的应急反应和事故处理能力，其基本架构如图 6-2 所示。

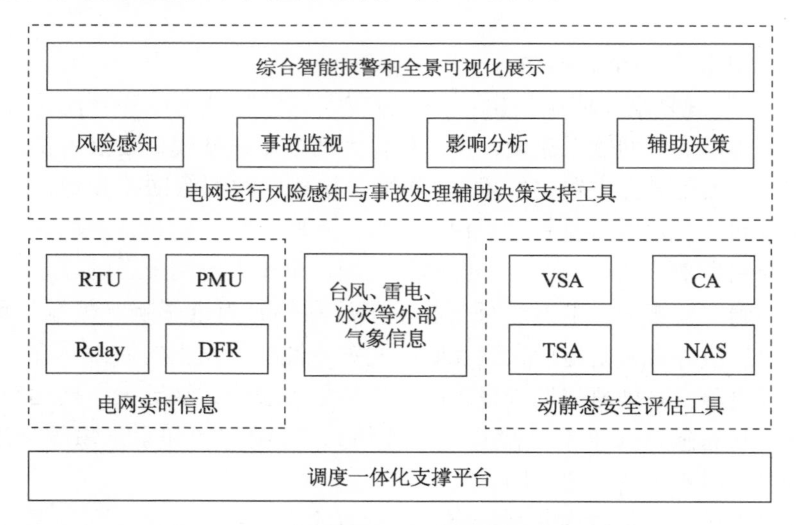

图 6-2　大电网事故风险防范框架

底层为调度一体化支撑平台，为上层应用提供通用的模型、图形、数据存储和网络通信等服务。信息层汇集调控中心的各类数据资源，包括暂态、稳态和动态数据。开关和保护动作信息等为事故风险感知和在线监视提供基础数据，动态信息、模型信息等为事故处理和协调控制提供基础数据。

基本应用层提供通用的网络分析、暂态安全评估、电压安全评估和静态安全分析等功能，基于 SOA 开发，按需调用，为辅助决策和综合智能报警提供分析结果。

高级应用层利用信息层提供的各类数据资源及基础应用层提供的通用服务实现电网事故风险的感知、监视、分析、评估和辅助决策处理。

国家电网公司“三型两网”建设对信息感知的广度、深度和密度将提出更高要求，感知终端部署将遵循补短板 > 优存量 > 探前沿的实施路径，使状态感知更全面、量测性能更精准、决策控制更智能。

1. 智能感知的范围

可以从输电、变电、配电、用电、经营管理五方面来表述。

（1）输电侧

包括架空输电线路监测、电缆沟道在线监测、输电电缆在线监测、输电线路巡检无人机、雷电定位、智能头盔巡检、电缆及通道防外破。

（2）变电侧

包括变电站视频监控、变电站智能巡检机器人、变电站安全防护、输变电在线监测、现场作业管理、智能工器具管理、变电检修作业安全管控。

（3）配电侧

包括配电自动化、线路故障定位及报警、配网抢修平台、配电网隐患监控、电能质量检测、大用户负荷控制、柱上变压器监测、配电线路巡检。

（4）用电侧

包括用电信息采集、电动汽车智能充换电服务、电动汽车充换电站车辆引导、重点用电设施安全防护、电动汽车车联网、用户自助购电。

（5）经营管理侧

包括国网实物资产设备身份码、人员及车辆统一管理、电力设施建设过程可视化、数字仓储、仓储机器人、数字物流全链路监控、设备实物资产自动盘点。

2. 智能感知的建设方向

应从补短板、优存量、探前沿三方面切入。

（1）补短板

面向状态感知不够全面和充分的领域，对传感终端及系统进行加速部署；进行综合能源计量及用户侧能效监测、重要资产监控、配电物联网的建设，做到感知更全面。

（2）优存量

对精度、灵敏度、测量范围、可靠性、安全性、低功耗等技术标准进行更新换代；多源数据应用价值挖掘，做到感知更精准。

（3）探前沿

探索石墨烯、液态金属、量子传感、加快 MEMS 传感技术的研发；进行多参量、自诊断、自校准智能传感及边缘侧人工智能算法融合，做到感知更智能。

6.1.2 用户行为全面感知

用户行为的分析与感知，对构建泛在电力物联网起到至关重要的作用，尤其是在“业务流”一侧，对用户行为的全面分析有利于更好地了解用户需要，进而对“业务流”进行调控。

电力大数据是以业务趋势预测、数据价值挖掘为目标，利用数据集成管理、数据存储、数据计算、分析挖掘等方面的核心关键技术，实现面向典型业务场景的模式创新及应用提升。电力大数据的应用将推动公司业务发展和管理水平。其中，客户服务中心是公司优化整合服务资源，打造“全业务、全天候，服务专业化、管理精益化、发展多元化”的供电服务平台。

目前基于大数据的用户行为分析最常用的技术是数据挖掘技术，包括大数据平台的构建、数据整合、数据挖掘、分析展示等方法。用户行为分析流程如图 6-3 所示。

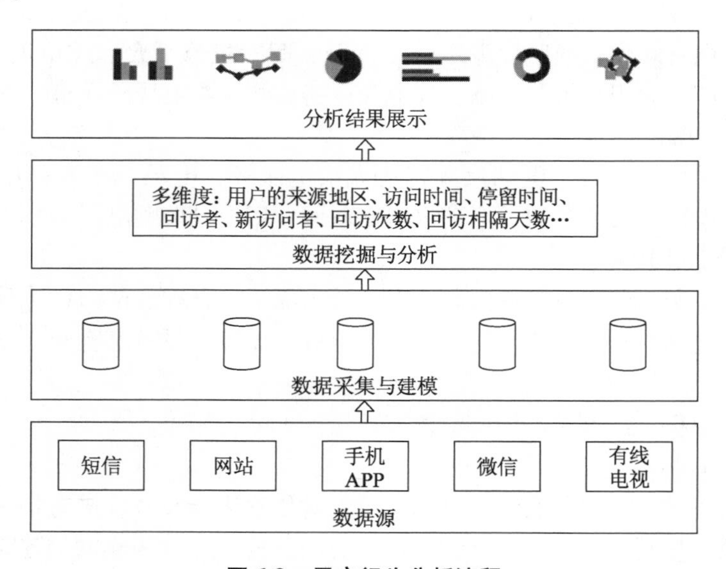

图 6-3 用户行为分析流程

用户行为分析系统的功能包括数据采集、数据建模、数据挖掘、结果可视化展示等关键内容，如图 6-4 所示。

① 数据采集：具体包括数据源选择与数据源维护。

② 数据建模：主要加工在数据采集中所选择的数据源，包括数据清洗、数据集成、数据归约和数据转换四个功能。

③ 数据挖掘：可选择使用统计分析方法、层次分析法、KNN 分类算法和 K - means 聚类算法等对用户行为进行具体的分析和预测。

④ 结果可视化展示：对挖掘出的结果进行数据分布、数据对比、报表分析。图 6-5 ~ 图 6-7 所示为某用户的用户管理可视化结果。

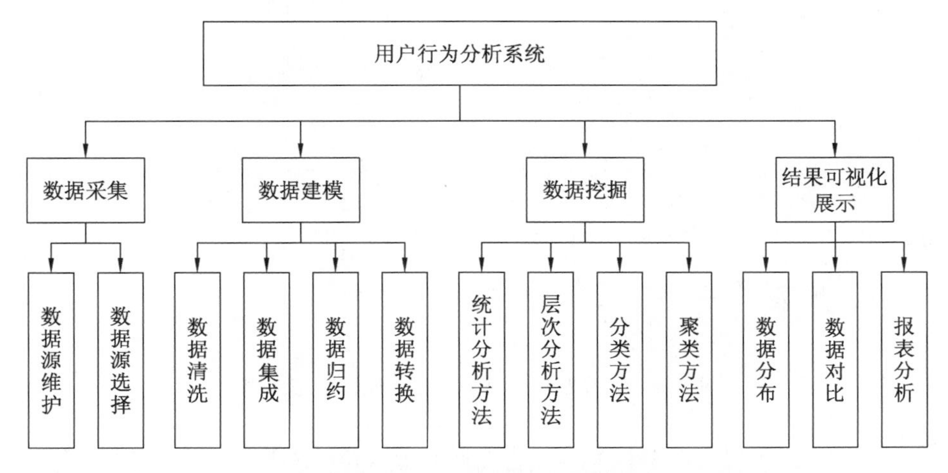

图 6-4　用户行为分析系统的功能

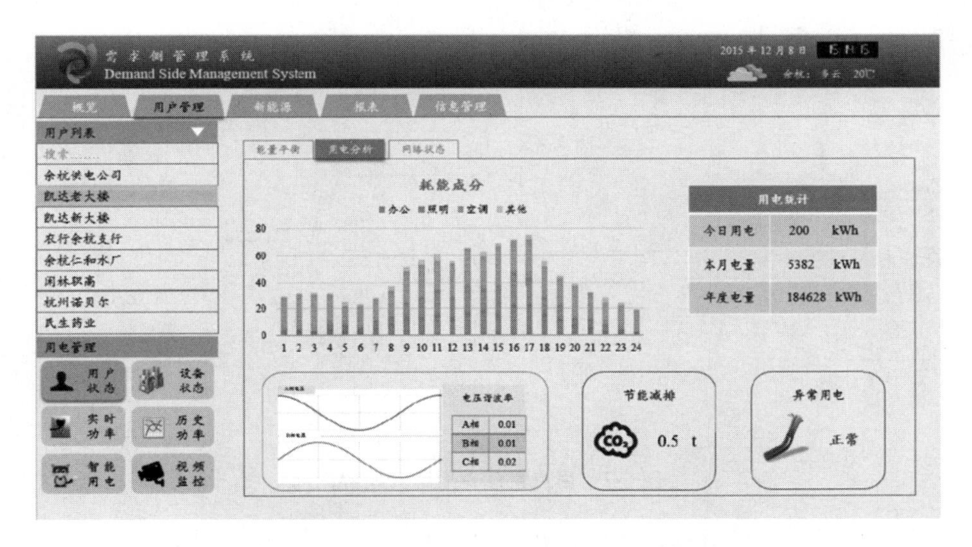

图 6-5　用户管理 - 用户状态 - 用电分析界面

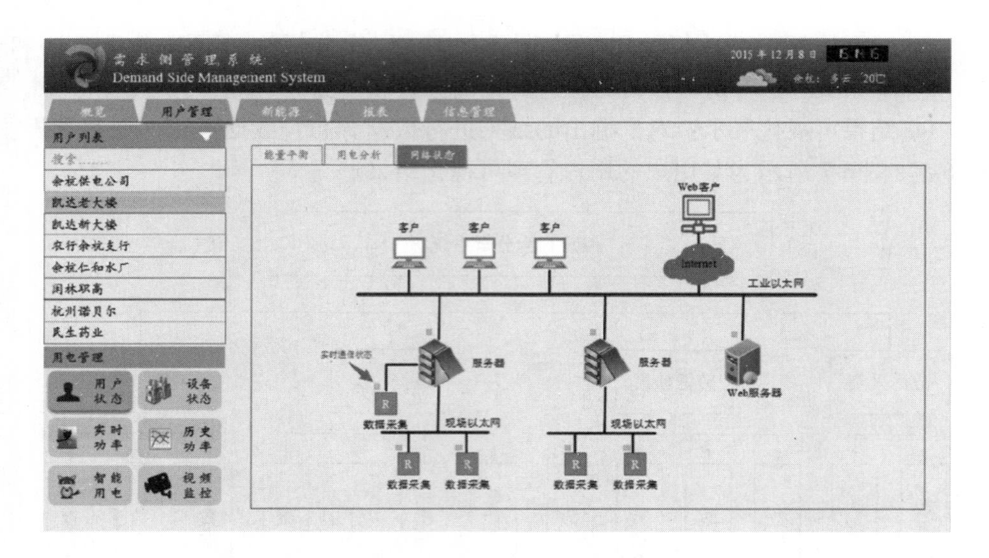

图 6-6　用户管理 – 用户状态 – 通信状态界面

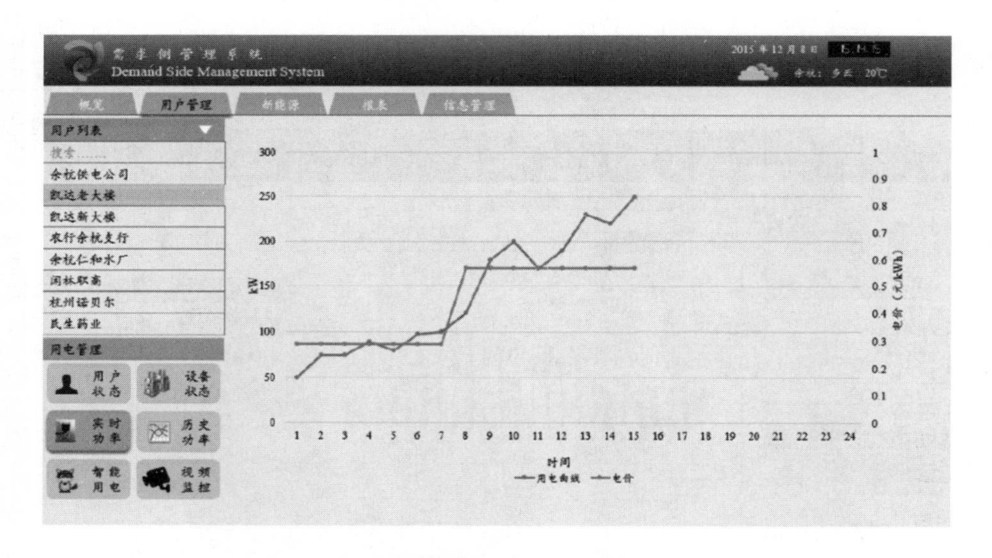

图 6-7　用户管理 – 用电分析界面

在智能电网建设阶段，国网公司在发、输、变配 4 个环节投入了大量的精力，建设了一个坚强的智能电网。但是这张网只覆盖到用户电表，对于表后的用户精细用电数据采集还有空缺。在源端将物联网植入用户侧，获取更精细的用户大数据，通过对大数据的存储、计算、分析、处理，可以获得不同类型用户的用电行为、负荷特性、用户征信等，以此向客户提供个性化用电服务。例如，通过电力看经济、克强指数分析，为政府提供行业用电分析，当好政府调控的红绿灯；为企业提供需求侧能效系统分析，提供专业优质的电力服务，帮助企业节能降损，降本增效；为用户提供精细用电分析，建立用电客户画像模型，向客户推出个性化电价套餐等等。

6.1.3　资产状态全面感知

电网企业作为关系国家能源安全和国民经济命脉的国有重要骨干企业，经过多年的信息化建设，已经积累了海量的数据信息，但受制于认知水平、数据质量和应用水平，这些数据尚未充分发挥其应有的价值，同时，数据管理中存在的问题也是阻碍电网企业信息化建设水平全面提升的瓶颈所在。

为规范数据资产管理工作，实现数据的可控、可用和增值，积极探索开展数据资产管理试点工作，其中数据资产监测作为数据资产管理体系的重要组成部分，是保障数据资产可信、在控、可用的关键。

电网资产数量庞大分散、类型众多、所处环境复杂。能源互联网的构建，将以资产身份唯一编码为基础，以资产状态全面感知为手段，实现资产管理过程中的多码联动和信息贯通，在重要资产管理、资产全生命周期跟踪及设备巡检与维护中发挥重要作用，真正实现电网资产在线感知可视，打造资产－资产、资产－人员、资产－环境紧密结合的电力资产物联网。

图6-8所示为电网企业数据资产管理体系。

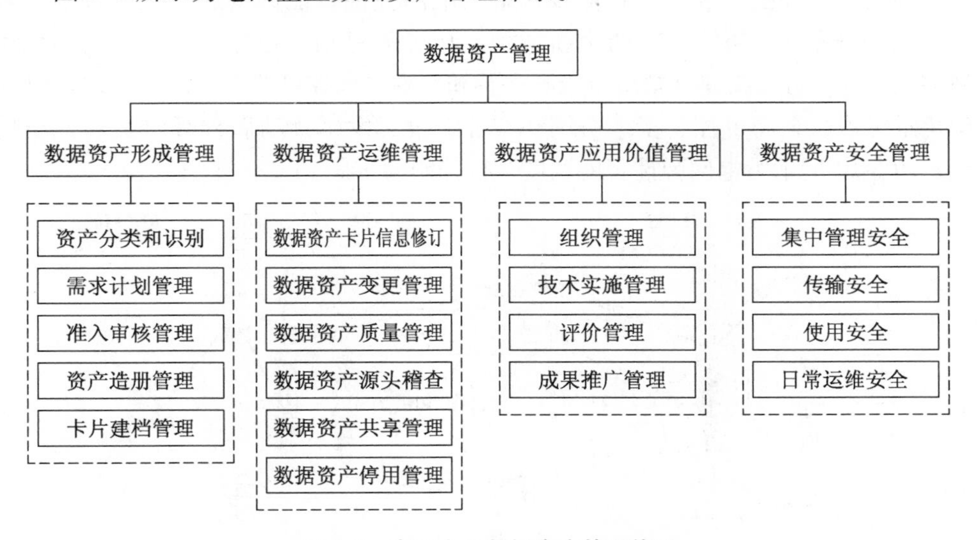

图6-8　电网企业数据资产管理体系

6.2 网络层建设——泛在连接

6.2.1 源、网、荷、储、人全面互联

基于泛在电力物联网，在 PMU/WAMS 量测数据的基础上，建立源、网、荷广泛互联的全网广域信息系统（见图 6-9），结合超实时计算对全网信息的实时分析，解决在线动态潮流计算和负荷参数辨识，实现响应驱动的暂态稳定的在线量化评估及快速协同控制，提升系统运行的安全性和经济性。

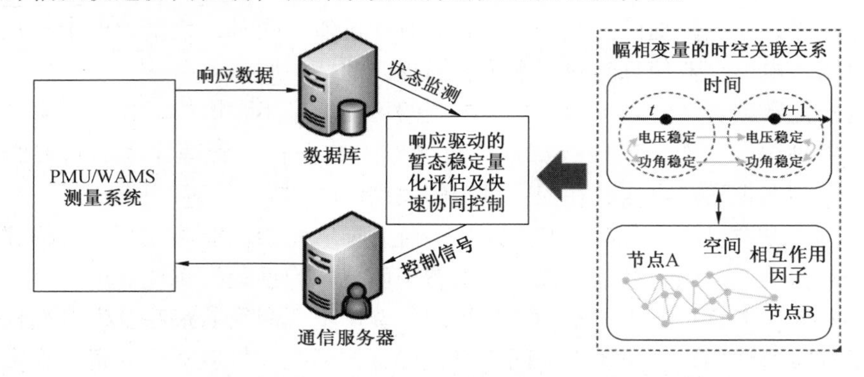

图 6-9 源、网、荷广泛互联的全网广域信息系统

利用“调控云”和人工智能技术解决电网弹性智能调度运行控制难题，采用“物理分布、逻辑统一”的全新架构，从态势感知、趋势预测、优化运行和精准控制 4 个方面搭建高精度全景状态感知和弹性调控机器人系统，实现大电网的全景可观、全局可控、多维协调和智能调度，发生扰动后秒级内实现自动响应。图 6-10 所示为电网弹性智能调度运行控制架构。

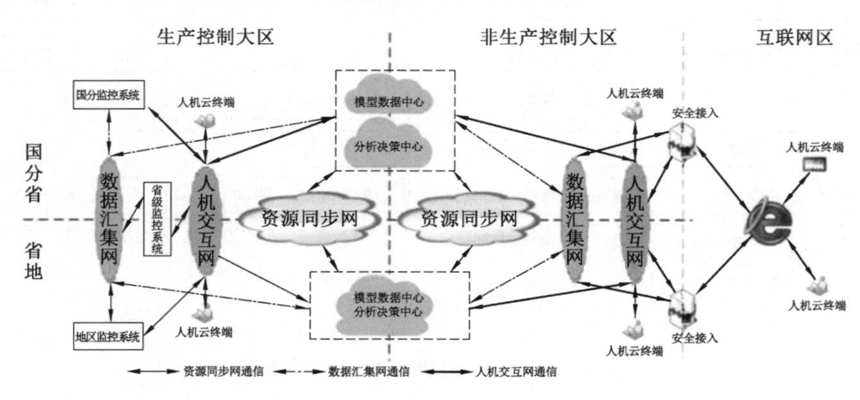

图 6-10 电网弹性智能调度运行控制

6.2.2　基于 M－POTN 构建系统保护通信网

基于 M－POTN 构建高速实时、安全可靠、高精度同步的系统保护通信网，如图 6-11 所示，解决现有稳控系统各区域相互孤立、信息难以共享、无法协同控制的难题，实现未来电网的在线全景态势感知、全域协调控制及灵活高效信息服务，重构大电网安全综合防御体系，保障电网安全运行。

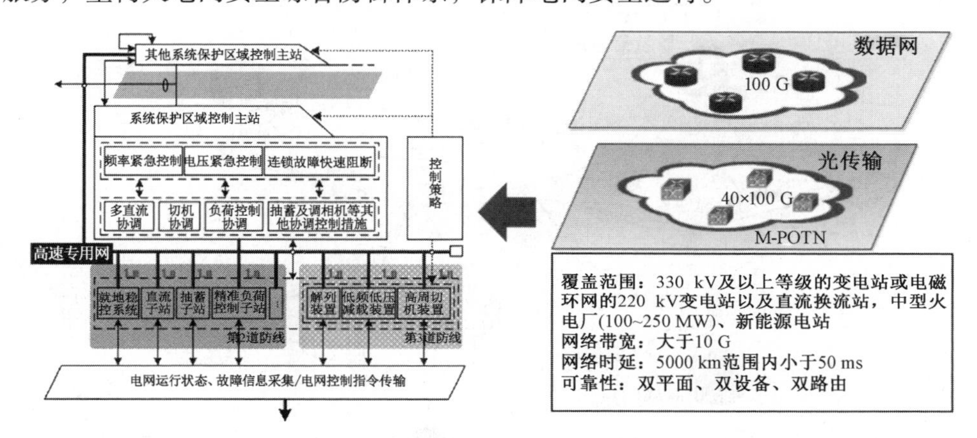

图 6-11　基于 M－POTN 的系统保护通信网

6.2.3　5G 技术全面推进

未来电力业务的发展和 5G 的发展趋势是相吻合的，在未来电网中，小流量的大连接的物联网业务，以及宽带业务和低时延、高可靠的业务是并存的，呈现出广覆盖、大连接、低时延、高可靠、高安全等要求很高的特征。

5G 是新型的无线通信技术，最大的特点，和传统 2G/3G/4G 相比，引入了包括边缘计算和网络切片的新型网络架构，边缘计算，企业部署边缘云、边缘计算的目的是为了降低业务端到核心网侧的时延，提供本地的闭环控制，能够满足低时延应用的要求。网络切片能够实现一网多能，一张网络同时承载多种业务的需求，真正实现网络跟随业务的需求而发生变化，实现了网随云动或者网随业务需求而动这样一种新型的网络架构。

针对 5G 的大带宽、低时延、高可靠和大连接的三大能力，国家电网在巡检、配电网状态监测、大数据采集、准负荷控制、配电自动化等应用方面都在积极推动 5G 应用的研究和落地。

6.2.4 电力卫星全面覆盖

电力卫星全面覆盖是指通过能源互联网建设，利用泛在电力物联网实现对电网状态实时性、多尺度、高维度的全面感知，以数字化电网为基础，建立“空－天－地”立体协同感知网络（见图 6-12），融合分析多源状态信息，保障电网本质安全。国家电网公司电力卫星架构如图 6-13 所示。

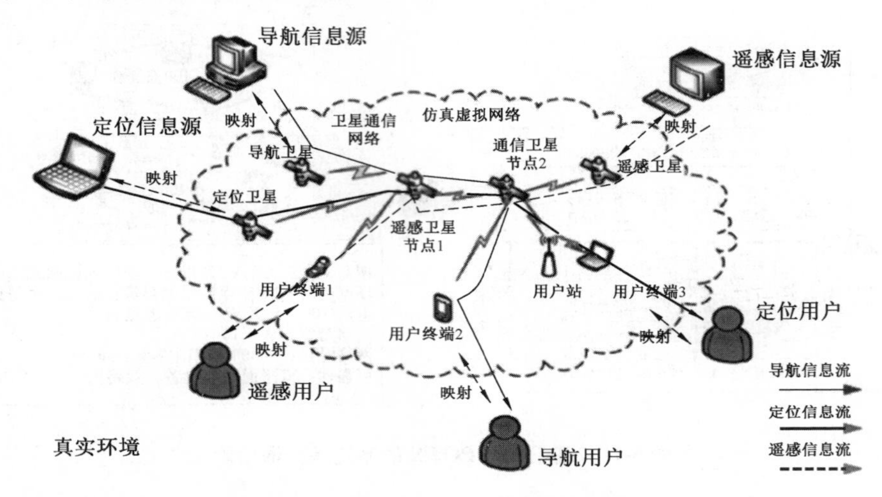

图 6-12 “空－天－地”立体协同感知网络

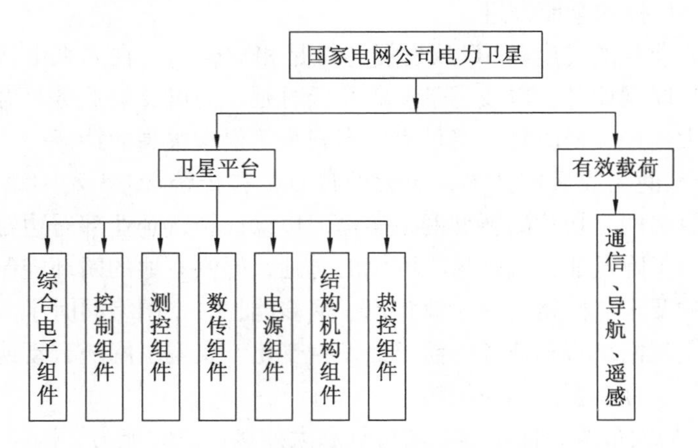

图 6-13 国家电网公司电力卫星架构

6.3　平台层建设——开放共享

国家电网有限公司积极推进信息化和智能电网建设，密切跟踪“大、云、物、移”等新技术发展趋势，开展关键技术攻关，为坚强智能电网与“一强三优”现代公司持续创新发展奠定了坚实基础。面向“十三五”，国网信息化规划中明确提出建设国网云，一体化“国网云”平台的构建，开创了能源行业从总部统一构建分布式云架构的新思路，随着它在全国 27 个省公司的不断推进，将成为中国规模最大的标准化能源云。

国网云包括企业管理云、公共服务云和生产控制云三部分，由一体化“国网云”平台及其支撑的各类业务应用组成。按照“一平台、一系统、多场景、微应用”的信息化技术路线，促进企业管理云、公共服务云向混合架构应用模式转变，保障企业管理云、公共服务云应用异地多活高可用架构，实现企业管理云、公共服务云对公司各类应用的全面支撑。

6.3.1　生产控制云

覆盖生产大区的资源及服务，支撑调控运行及其管理业务，重点服务于电网调控。

电网的调控需要调控云架构（见图 6-14），调控云是面向电力系统调度业务的云平台系统，其整体运行模式既要考虑调控实时性的业务需求，同时还要利用云计算的优点，充分发挥云计算技术能够实现硬件存储计算资源虚拟化、模型数据结构标准化以及电网应用微服务化的特点。调控云系统基于潮流分布趋势、区域调管范围、电力调控业务特点，形成国（分）、省（地）两级部署的架构方式。

国分云即主导节点 1 个，是调控云的统领核心，主导进行全电网调控数据的分析计算业务，主要负责维护 200 kV 及以上的模型数据。省地云即协同节点或者源数据端 N 个，按照主导节点建立的数据模型结构标准，负责维护 10 kV 及以上省级调控中心的模型数据。一个主导节点与多个协同节点数据/端作用在一起，形成目前的调控云。

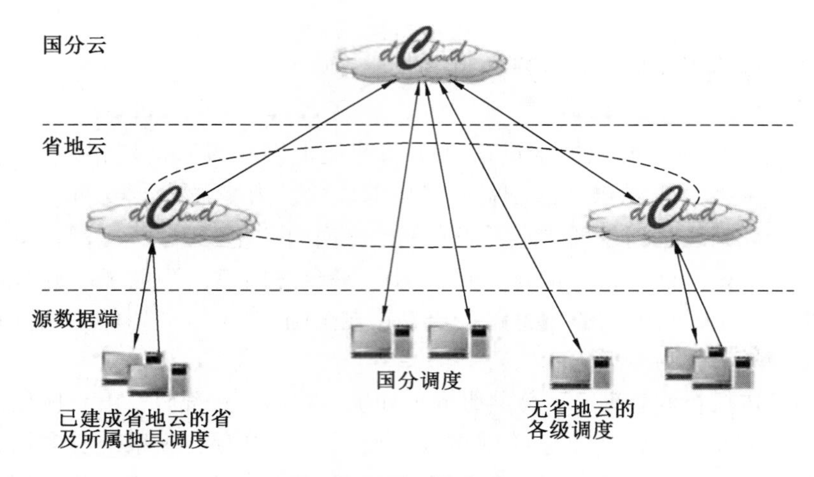

图 6-14 调控云架构图

6.3.2 企业管理云

覆盖管理大区的资源及服务，支撑企业管理、分析决策、综合管理类业务，重点应用于智能运检等领域。

以大数据分析为数据基础，以云计算为信息处理基础，实现运检数据智能驱动；以物联网为信息、设备等生产要素的互联基础，以移动互联技术为作业基础，全面推进“大云物移”技术与运检业务的深度融合。

以电网运检智能化分析管控系统为平台，全面融合运检多源数据，发挥一体化生产指挥功能的中枢作用，以推动现代信息通信技术、智能技术与传统运检技术相融合为主线，以设备、通道、运维、检修、生产管理智能化为重点，全面建设智能运检体系，显著提升设备状态管控能力和运检管理穿透力，大力支撑坚强智能电网和企业管理云平台的建设，引领世界范围的电网运检管理模式变革。

6.3.3 公共服务云

覆盖外网区域的资源及服务，支撑电力营销、客户服务、电子商务等业务，重点应用于 95598 客服业务、电商业务（电 e 宝、国网商城、国网电商金融）等业务。

公共服务云的建设体现在以下几方面：

（1）企业采购云服务

构建一站式采购平台，打造采、供、销、运、融线上线下立体化、全方位智能供应链服务，可综合降低企业采购成本 15%。

（2）能效云服务

为客户提供覆盖采集监测、能效分析、评估诊断、用能报告、节能优化等全业务场景的综合能效服务，可降低综合能耗 10%。

（3）光伏云网 2.0

实现国家电网分布式光伏“线上办电”唯一入口，提供全流程一站式综合服务，全面引领分布式光伏生态体系构建，光伏扶贫支撑能力更加突显。

（4）电 e 宝 3.0

实现了电费交费方式的创新迭代，增值服务全面升级，电费网银、电子发票全面推广和应用，针对企业用电客户的服务更加全面、便捷。

（5）纯电动定制车

推出国内首例具备智能网联运营管理功能的纯电动定制生产作业车，全面助力电能替代和绿色出行。

（6）大数据征信服务

高效获取数据，精准识别欺诈，智能评估信用，秒级处理能力，全面服务电力企业征信需求，提升数据资产价值和商业价值。

（7）票据识别

集成多项深度学习最新成果，聚焦票据关键信息域，全面解决低分辨率票据图像文字识别难题，识别精准率达到 99.9%。

（8）智能搜索

推出基于人工智能技术的新一代电商平台搜索引擎，实现了商品信息精准推送和智能过滤，提升用户购物体验。

（9）区块链技术应用

研发区块链应用编程接口，优化共识机制和智能合约技术，实现了电力金融与电子商务业务快速应用区块链。

6.4　应用层建设——融合创新

6.4.1　公司业务全程在线

1. 对内业务

实现数据一次采集或录入、共享公用，实现全电网拓扑实时准确，端到端业务流程在线闭环；全业务统一入口、线上办理，全过程线上即时反应。

2. 对外业务

建成“一站式服务”的智慧能源综合服务平台，各类新兴业务协同发展，形成“一体化联动”的能源互联网生态圈；在综合能源服务等领域处于引领位置，新兴业务成为公司主要利润增长点。

3. 基础支撑

推动电力系统各环节终端随需接入，实现电网和客户状态“实时感知”；推动公司全业务数据统一管理，实现内外部数据“即时获取”；推动共性业务和开发能力服务化，实现业务需求“敏捷响应、随需迭代”。

4. 由电力企业转向综合能源服务商

（1）综合能源服务的本质

综合能源服务本质上是由新技术革命、绿色发展、新能源崛起引发的能源产业结构重塑，从而推动新兴业态、商业模式、服务方式不断创新。综合能源服务具有综合、互联、共享、高效、友好的特点。综合就是集成化，包括能源供给品种的综合化、服务方式的综合化、定制解决方案的综合化等。互联是指同类能源互联、不同能源互联及信息互联，以跨界、混搭的组合方式呈现。共享是指通过能源输送网络、信息物理系统、综合能源管理平台及信息和增值服务，实现能源流、信息流、价值流的交换与互动。高效是指通过系统优化配置实现能源高效利用，从传统工程模式转化为向用户直接提供服务的模式。友好是指不同供能方式之间、能源供应与用户之间友好互动，可以将公共热冷、电力、燃气甚至水务整合在一起。

（2）综合能源服务的三要素及核心

综合能源服务的三要素是资金、资源和技术。综合能源服务的核心是分布式能源及围绕它进行的区域能源供应，同时可以将公共热冷、电力、燃气甚至水务等各种能源供应整合在一起。资料显示，传统能源服务产生于20世纪70年代中期的美国，主要针对已建项目的节能改造、节能设备推广等，合同能源管理是其主要商业模式。现在，随着互联网、大数据、云计算等技术出现，融合清洁能源与可再生能源的区域微网技术的新型综合能源服务模式开始诞生。业内普遍认为，综合能源服务对提升能源利用效率和实现可再生能源规模化开发具有重要支撑作用，因此，世界各国根据自身需求制定了适合自身发展的综合能源发展战略。

（3）综合能源服务挑战电企管理与盈利模式

随着电力体制改革的深入推进，以及电力新兴产业快速发展，将逐步形成以客户为中心，以电力交易市场和能源衍生市场为载体，多方交易主体参与，提供多种能源服务的电力产业生态体系。为了适应新的政策和市场环境，我国的很多电力企业都瞄准了综合能源服务领域。综合能源服务会挑战现有电力企业管理与盈利模式。因此，现有电力企业的管理模式与产业模式应做出相应调整，要创新电力企业发展模式，推动电力企业的战略创新、管理创新，从传统电力企业走向新型综合能源服务企业，实现市场化、专业化、现代化。目前，开展能源服务的企业类型包括售电公司、服务公司和技术公司等。传统能源产业，包括：电力企业、电网企业、燃气企业、设备商、ESCO（节能服务公司）、系统集成商、专业设计院等，都在策划综合能源服务转型。国内典型的综合能源服务供应商，有南方电网旗下的南方电网综合能源有限公司、广东电网综合能源投资有限公司，以及华电福新能源股份有限公司、新奥泛能网、协鑫分布式微能源网、远景能源、阿里云新能源等。

（4）电网企业为客户提供电力供应和能源增值服务的立足点

① 以购售电为核心业务，满足不同客户的用电需求。售电公司从电力批发市场中购电，包括现货市场和金融市场交易，然后零售给终端用户赚取差价。通过合理预测购电需求和市场价格，制定现货、中长期、期货、差价合约等多种交易合同组合，优化购电策略和成本，对冲市场风险。细分客户群体特点及消费规律，为用户提供多元化、个性化和套餐式电价服务，如提供季节性、时段性、定制式电价套餐等，通过丰富的价格套餐满足客户需求。

② 积极拓展增值服务，提供各种组合套餐。根据用户需求提供各种增值服务。例如，提供蓄热受托、能效管理、用能诊断、设备维护、整体供电方案等多元化服务，以及搭建多种生活产品交易平台，实现电力、自来水、燃气、热力的批发和零售，提供从电力、天然气到可再生能源供应等一系列的综合解决方案等。

③ 利用能源互联网，广泛运用云计算、大数据技术。售电业务上游承载发电、输配电、分布式等供给端，下游承接工商业、居民、园区等多维度客户，未来，企业将是电力大数据资源的管理者与利用者。基于这些海量数据，利用云平台充分了解用户形式多样的能源诉求，有针对性地为用户定制创新性综合能源解决方案，实现不同用户的节能减排和电能成本降低。也可进一步延伸拓展金融衍生业务，满足用户在电力使用过程中相关的金融服务需求。未来电网企业与售电公司比拼的不仅仅是售电，更应该比拼全方位、综合性的能源服务。

6.4.2　客户服务全新体验

以客户为中心，开展泛在电力物联网营销服务系统建设，优化客户服务、计量计费等供电服务业务，实现数据全面共享、业务全程在线，提升客户参与度和满意度，改善服务质量，促进综合能源等新兴业务发展。

推广“网上国网“应用，融通业扩、光伏、电动汽车等业务，统一服务入口，实现客户一次注册、全渠道应用、政企数据联动、信息实时公开。

例如，通过“网上国网”购买汽车时，首先由客户进行下单采购（买车、买桩)、申请安装（安桩)、申请接电（接电)，然后通过一网通办，即“网上国网”APP即可享受对应的服务（买车、买桩、安桩、接电)，而无须多次亲自到店购买。即客户一次申请，即可享受买车、买桩、安桩、接电一条龙服务，为客户带来了极大的便利。

1. 综合能源服务

2018年的国家电网公司一号文《国家电网公司关于坚持以客户为中心进一步提升优质服务水平的意见》表示，要求全面满足客户多元化用能需求，构建综合能源服务等能源服务新业态。国家电网公司印发的《关于在各省公司开展综合能源服务业务的意见》，明确表示要抓住当前能源革命有利时机，将综合能源服务作为主营业务，推动自身由电能供应商向综合能源服务商转变，以培育新的利润增长点和新的市场业态，提升客户服务新能力和公司市场竞争力。

作为一种新型的、为满足终端客户多元化能源生产与消费的能源服务方式，综合能源服务涵盖能源规划设计、工程投资建设、多能源运营服务及投融资服务等方面。如今，随着互联网信息技术、可再生能源技术和电力改革进程不断加快，开展综合能源服务已成为能源企业实现传统产业模式战略转型，提升能源效率、降低用能成本、促进竞争与合作的重要方向之一。

未来，综合能源服务将成为继输配业务之后，国网公司的另一个主营业务。国网公司希望，在能源消费供给、能源结构转型、能源系统形态呈现新趋势的背景下，打造综合能源服务新业态，挖掘园区、工业企业、大型公共建筑等重点客户在降低用能成本、提高能源综合利用效率等方面的服务需求，依托公司企业能效数据共享平台，发挥能源数据资源优势，为客户提供能效改进服务，推进电水气热终端一体化综合用能、市场化售电等综合能源服务，在电能替代、节能环保、分布式能源、多能互补、用能监测诊断等方面拓展公司发展新途径，助力构建以客户为中心的现代服务体系。

从传统电能供应商到综合能源服务商的角色转变，不仅是因势而动，更是势在必行。发展综合能源服务，与党中央“构建清洁低碳、安全高效的能源体系”要求相符，更是贯彻落实能源“四个革命”、实现国有资产保值增值的具体举措。在电力发展“十三五”规划中，我国已向国际社会承诺，2020年非化石能源消费比重将达15%左右。国网公司推进综合能源业务，对于构建以电为中心、智慧应用的新型能源消费市场，进一步发挥电力清洁能源配置基础平台作用，以及为客户提供多元化综合能源服务，均有积极的推动作用。

2. 以客户为中心的现代服务体系

国网公司以客户为中心的现代服务体系正在逐步扩大蔓延，售电、智慧车联网、风光储一体化、电动汽车充电桩服务、能效监测与诊断、节能和电能替代改造、电力需求响应、光伏储能新能源服务、水电气冷热等增值服务一一囊括其中。国家电网将不断积极推进综合能源业务发展，由被动坐商服务向主动上门服务转变，灵活配置由政企客户经理、配电规划人员、工程项目经理、综合能源服务人员组成的专业化团队，持续优化业扩接电、安全用电等传统服务，主动为客户提供能效诊断与改造、综合能源服务等，满足客户差异化需求，形成以电为核心的能源消费新模式，构建终端一体化多能互补的能源供应体系，为客户提供更加优质多元的综合能源服务。

6.4.3　能源生态开放共享

构建全产业链共同遵循，支持设备、数据、服务互联互通的标准体系，与国内外知名企业、高校、科研机构等建立常态合作机制，整合上下游产业链、重构外部生态，拉动产业聚合成长，打造能源互联网产业生态圈。建设好国家双创示范基地，形成新兴产业孵化运营机制，服务中小微企业，积极培育新业务、新业态、新模式。

6.5　本章小结

本章从泛在电力物联网的4个层次（感知层、网络层、平台层、应用层）出发，分别根据不同的层次需求，制定了各自的建设方案。简而言之，感知层的建设要围绕突出“感知”、网络层的建设要围绕突出“互联”、平台层的建设要围绕突出“共享”、应用层的建设要围绕突出“创新”。抓住这些建设的要点，才能有力地助推泛在电力物联网的整体构建。

第7章 泛在电力物联网的深入探索——电动汽车智慧车联网

作为泛在电力物联网建设道路上的“开拓者”，电动汽车智慧车联网的开发与实践具有深刻意义。随着大数据、云计算时代的到来，汽车的移动性将与搭载在汽车产品上的IT平台技术及互联网、物联网及智能电网进行深度融合，不仅带来了更富乐趣的驾控表现和更可靠的安全保障，同时也带来了更简洁的操作模式和更轻松的驾乘环境。

随着汽车行业与泛在电力物联网的融合，电动汽车智慧车联网的时代已经来临。在汽车经销商层面，互联网与电子设备的广泛应用，成为经销店服务管理升级的重要标准。在售后服务中，客户同样也能享受到智慧车联网带来的便利，手机、平板电脑、电脑等电子设备可查询到车辆的相关信息，客户即可知晓车辆的情况，甚至可以通过互联网远程监控维修现场的状况，这正符合泛在电力物联网的建设初衷：以用户为核心，客户服务全新体验！

本章首先对智慧车联网的相关情况进行介绍，然后详细解读智慧车联网平台网络构成的三要素——桩联网、车联网、智能电网，最后对智慧车联网的未来进行展望。

7.1 智慧车联网概述

传统的汽车以燃油为基础动力的来源，随着汽车数量的增多，地球上石油资源的消耗越来越严重，因此世界上很多汽车制造商都将汽车生产技术转向新能源汽车，生产出以特斯拉为代表的电动汽车品牌。电动汽车具有以下优点：

① 环保。电动汽车采用动力电池组及电机驱动动力，工作时不会产生废气，没有尾气污染，对环境保护和空气的洁净是十分有益的，可以说几乎是“零污染”。

② 低噪音。电动汽车不会像传动汽车那样发出噪音，它所产生的噪音几乎可以忽略不计。

③ 经济。电动汽车使用成本低廉，只有汽油车的1/5左右。其能量转换效率高，同时可回收制动、下坡时的能量，提高能量的利用效率。在夜间利用电网的廉价“谷电”进行充电，起到平抑电网的峰谷差作用。

④ 易保养。电动汽车采用电动机及电池驱动，无须传统发动机那些烦琐的养护项目，如更换机油、滤芯、皮带。电动汽车只需定期检查电机电池等组件即可。

⑤ 政策优。摇号中签率高，补贴高，免征购置税等政策上的优势较为明显，并且电动汽车符合行业发展的大趋势，可以深度渗透到泛在电力物联网中，进行电网侧、用户侧、供销侧三方联动。

推广、应用电动汽车是实施能源安全战略、低碳经济转型，建设生态文明的有效途径。我国汽车行业经过几十年的努力，在电动汽车领域的技术也取得了明显的进步。2017 年，我国新能源汽车累计保有量达到 180 万辆，占全球市场的 50% 以上；2018 年，我国新能源汽车 1—4 月的产量和销量分别达到 23. 2 万辆和 22. 5 万辆，其中，纯电动汽车的产量和销量分别为 17. 2 万辆和 16. 8 万辆。新能源电动汽车成为汽车行业的新宠。

车联网是汽车移动物联网的简称，指应用传感、无线移动通信、互联网、卫星定位、感知与控制、海量数据处理等技术，有效识别在网车辆和道路交通基础设施的动静态信息，依托信息综合应用平台进行实时、高效、智能服务和管理的综合服务系统。国家电网公司建设的电动汽车车联网服务平台（简称车联网平台）是车联网、智能充换电服务网络及电动汽车应用的结合体，通过建设桩联网、车联网和智能电网三个物联网，采用大数据、云计算、物联网、移动互联网等新技术，建成了开放、智能、互动、高效的智慧车联网平台，实现“车—桩—路—网—人”的有效连接，为电动汽车用户和充电运营商提供信息服务、运维服务和金融服务，让电动汽车用户通过互联网享受一站式便捷服务，体验感知“从有电可充，到充电无忧，最终实现绿色充电，比加油更方便，首选电动汽车出行”。

在技术方面，智慧车联网平台主要是利用“大云物移智”（大数据、云计算、物联网、移动通信、人工智能）技术，按照“大平台 + 微服务”思路，通过车联网平台将业务服务能力云化，构建充电服务、出行服务、增值服务、数据服务多个应用群及能力开放平台，具有应用服务构建灵活、个性化、快速响应、可扩展、方便社会合作伙伴接入等特点，是开放、智能、互动、高效的电动汽车综合服务平台。充电桩运行数据采集和监视模块是车联网平台的基础应用之一。针对充电桩运行数据的高并发、连续性特点，模块采用多任务分布式架构，以集群方式运行。车联网平台存在实时采集数据、拓扑连接、支付结算、文档、图片等数据类型，大部分数据的存储周期非常长，同时在峰谷时段的数据量差异也比较明显。车联网平台大数据分析应用包括充电桩规划、充电桩运维、车联网交易、车联网营销、用户数据分析等五大功能。

2015年11月，车联网平台正式上线；2017年11月，“开放、智能、互动、高效”的智慧车联网平台4.0云平台正式上线，车联网平台进入4.0时代。智慧车联网平台通过“车、桩、网”数据融合，实现对充电、用电、驾驶等行为的大数据分析，为用户提供更加智慧的服务。截至2019年3月，已建成世界上规模最大的“十纵十横两环”高速城际快充网络，覆盖19个省171座城市、4.9万公里高速公路。智慧车联网平台已累计接入公共充电桩30.24万个，占全社会公共充电桩的比例超过80%；服务电动汽车用户数超过130万，占电动乘用车保有量比例超过50%，2018年度平台充电量突破6亿千瓦时，新增注册用户数突破50万。平台自上线以来，至2018年底，累计充电次数超过4000万次，累计充电量超过10亿千瓦时，累计注册用户超过110万人。智慧车联网平台发展至今，已成为世界最大、接入充电桩数量最多、覆盖范围最广的智慧车联网平台。

泛在电力物联网最大的价值，是服务终端客户，智慧车联网平台作为泛在电力物联网的一部分也不例外。高速发展的智慧车联网平台已具备泛在电力物联网的功能特性。通过对庞大资源的整合，平台为客户提供的不仅局限于充电服务，还扩展到了更多车辆服务，甚至可以与政府、电动汽车上下游企业分享平台上的数据信息。

智慧车联网平台是建设泛在电力物联网的重要基础，具体表现为3个特征：第一，从物理层面上，将能源生产供应需求和人的消费需求连接起来。第二，将智慧车联网平台上的人、车、桩、网等电力生产、消费大数据进行汇集。第三则是在前两点的基础上，对数据和资源进行智能调配，挖掘潜在价值。第三点具体而言，从人的角度看，需要精准构建用户画像，实现个性化服务；从电网角度看，是要发现电网价值洼地，提高电网资产运营效率；从能源角度看，引领清洁能源生产和消费革命，推动清洁能源产业健康发展。

智慧车联网平台，是泛在电力物联网建设的重要实践，更是这一“新概念”给城市能源带来变革的具象体现。

7.2 智慧车联网平台网络构成

7.2.1 桩联网

作为电动汽车、用户和电网的数据端口，充电桩是电动汽车数据、用户数据、能源数据交互的关键枢纽，具备典型的物联网终端特征，是国家电网公司泛在电力物联网在客户侧的重要入口。

充电桩整体系统由电动汽车充电桩、控制器与集中器、电池管理系统（BMS）、充电管理服务平台四部分组成。

1. 电动汽车充电桩

电动汽车充电桩的控制电路（见图 7-1）主要由嵌入式 ARM 处理器完成，方便用户通过自助刷卡进行用户鉴权、余额查询、计费查询等，也可为用户提供语音输出接口，实现语音交互。用户可根据液晶显示屏指示选择 4 种充电模式，包括：按时计费充电、按电量充电、自动充满、按里程充电。

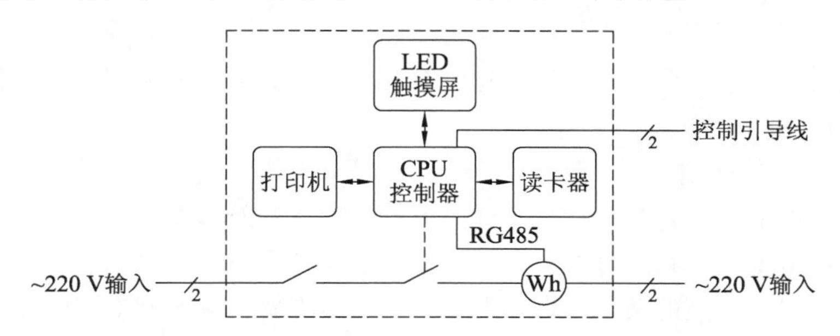

图 7-1　充电桩的控制电路

大功率纯电动汽车充电机的一般结构如图 7-2 所示，三相电网输入交流电，经过三相桥式不可控整流电路整流变成直流电，滤波后提供给高频 DC－DC 功率变换器，功率变换器经过直直变换输出需要的直流，再次滤波后为纯电动汽车动力蓄电池充电。

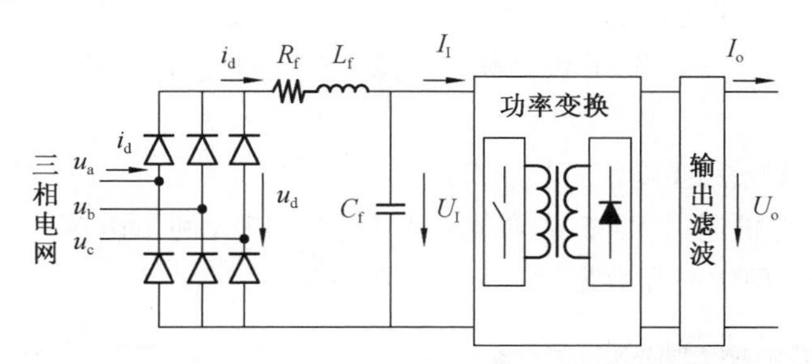

图 7-2　大功率纯电动汽车充电机的一般结构框图

根据充电方式、速率的不同，电动汽车充电设施又可分为交流充电桩、直流充电机和电池更换站 3 类。

（1）交流充电桩

采用传导方式为具有车载充电机的电动汽车提供交流电能，由桩体、充电接口、保护控制装置、计量计费装置、读卡装置、人机交互界面等组成，特点是系统简单、占地面积小、操作方便。交流充电桩可分为落地式和壁挂式。落地式充电桩适合在各种停车场和路边停车位进行地面安装；壁挂式充电桩适合在空间拥挤、周边有墙壁等固定建筑物等进行壁挂安装。交流充电桩具有人机交互功能、计量功能、刷卡计费功能、通信功能、安全防护功能。

（2）直流充电机

与交流电网相连，采用高频电源技术为电动汽车车载动力电池提供直流电源，主要由控制单元、计量装置、读卡装置、人机交互装置、充电机模块、低压辅助电源、直流输出接触器、充电电缆和桩体等构成，特点是充电功率大、效率高、时间短等。直流充电机根据充电机安装位置的不同，可分为车载充电机和非车载充电机。一般，公交、环卫、邮政等社会公共服务用车采用地面直流充电机进行充放电操作。

（3）电池更换站

采用电池更换方式为电动汽车提供电能供给，并能够在换电过程中对更换设备、动力蓄电池进行状态监控。电动汽车换电设备主要由充电架、电池箱及电池箱更换设备组成，充电架是带有充电接口的立体支架，可实现对电池箱存储、充电、监控等功能；电池箱是指由若干单体电池、箱体、电池管理系统及相关安装结构件等构成的成组电池，一般其物理尺寸、功能实现、容量等与电动汽车的整车设计紧密相关；电池箱更换设备是指针对不同类型的电动汽车和不同标准等级的电池箱，在电动汽车和充电架之间能够实现电池箱更换的专用设备。

2. 电动汽车充电机控制器与集中器

电动汽车充电机控制器与集中器利用 CAN 总线进行数据交互，集中器与服务器平台（即智慧车联网平台）利用有线互联网或无线 GPRS 网络进行数据交互。

充电桩联网概括起来有三种方式：

① 每个充电桩通过 RJ45 或者光纤分别接入以太网，连接充电站管理中心，再接入互联网管理中心和数据库，如图 7-3 所示。

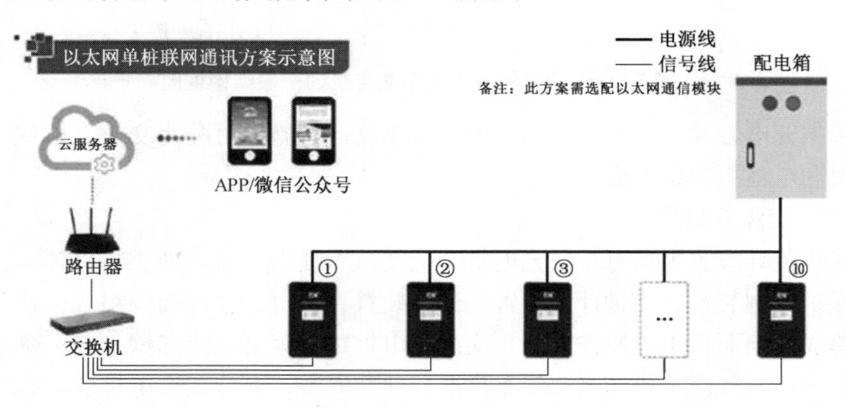

图 7-3　充电桩联网方式一

这种方式的优点是可以做到数据的可靠传输，网络容量大。

② 充电站内部通过工业串行总线（RS485/RS232/TTL/CAN）接入集中器，再由集中器通过移动数据接入服务连接服务管理平台和数据库，如图7-4所示。

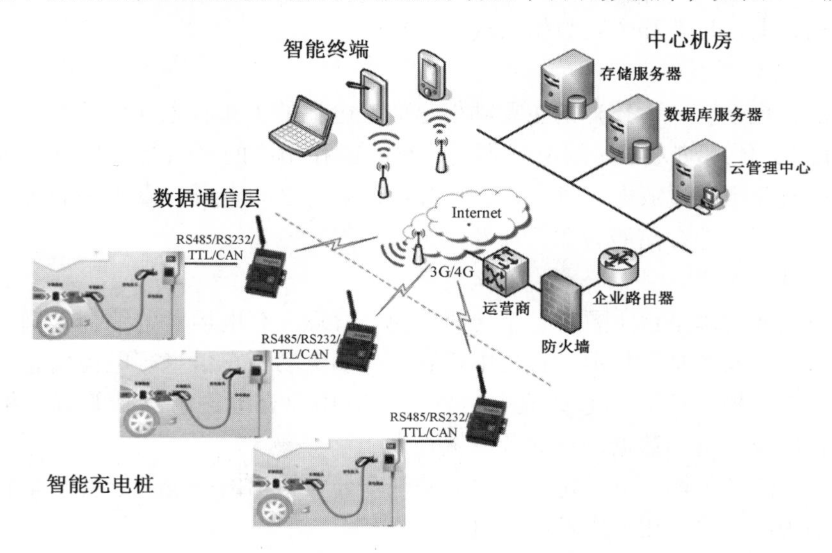

图7-4　充电桩联网方式二

这种方式的优点是可以做到数据的可靠传输，设计简单。

③ 采用内置2G/4G无线通信模块单桩联网，如图7-5所示。无线方式主要采用移动运营商的移动数据接入业务，如GRPS、EVDO、CDMA、TD－WCDMA、WCDMA、TD－LTE、FDD－LTE。

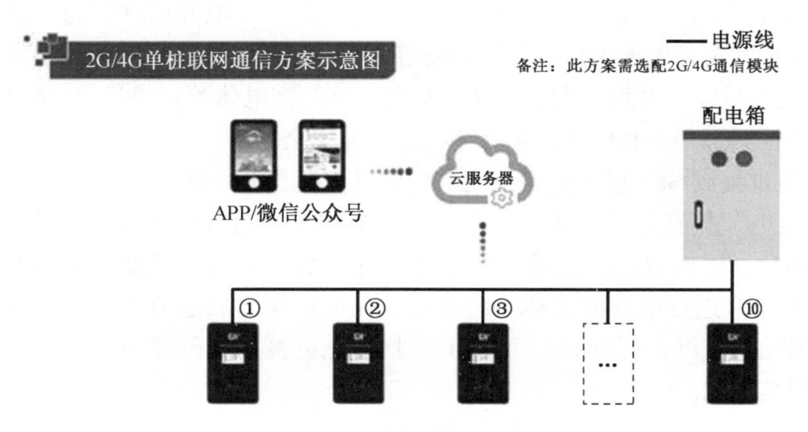

图7-5　充电桩联网方式三

采用内置2G/4G无线通信模块单桩联网的方式，在布桩分散应用场景，优势明显；并且接线简单，只需接电源线，无需单独接通信线。

人们可以在任何时间通过WEB端、或者APP客户端查询充电桩的详细地理位置、使用情况、支付费用情况，同时还可以对充电桩提前使用预约服务。为了安全起见，电量计费和金额数据实现安全加密。

3. 电池管理系统

电池管理系统（BMS）的主要功能是监控电池的工作状态（电池的电压、电流和温度）、预测动力电池的电池容量（SOC）和相应的剩余行驶里程，进行电池管理以避免出现过放电、过充、过热和单体电池之间电压严重不平衡现象，最大限度地利用电池存储能力和循环寿命。

4. 充电服务管理平台——“e充电”

充电服务管理平台主要有三个功能：充电管理、充电运营、综合查询。充电管理对系统涉及的基础数据进行集中式管理，如电动汽车信息、电池信息、用户卡信息、充电桩（栓）信息；充电运营主要对用户充电进行计费管理；综合查询指对管理及运营的数据进行综合分析查询。

“e充电”（见图7-6）就是国网电动汽车公司推出的一个基于智慧车联网平台建立的为电动汽车用户服务的窗口。

“e充电”APP主要特点包括：

① 充电桩在线查询，为用户提供一键式找桩服务：通过距离、筛选和排序三个工具，根据用户常用出行线路和充电需求，基于大数据分析，实现最优充电桩推荐。用户还可设定并收藏出行方案，便于快速找桩。

② 支付手段多样化，为用户提供方便快捷的支付方式：通过自主开发计费控制单元（TCU），自动采集充电桩位置信息，统一充电界面和支付手段，支撑充电卡支付和多种无卡支付，让用户畅游天下。

③ 充电故障自处理，为用户提供安全高效的充电体验：通过30余种充电故障的自动检测、判定和应对，保障充电过程的安全。

④ 通过集成GPS模块，保证充电桩位置信息准确可靠。

“e充电”拥有资源丰富、标准统一的充电服务网络与智能、高效、安全的互联网平台，提供权威、准确、详细的充电桩实时信息；可以随时随地通过网站、手机APP进行站点搜索和路线规划、充电桩实时状态查看、账户注册、充值和交易信息查询；可以通过手机APP扫描充电桩二维码或使用全国统一充电卡进行便捷充电。

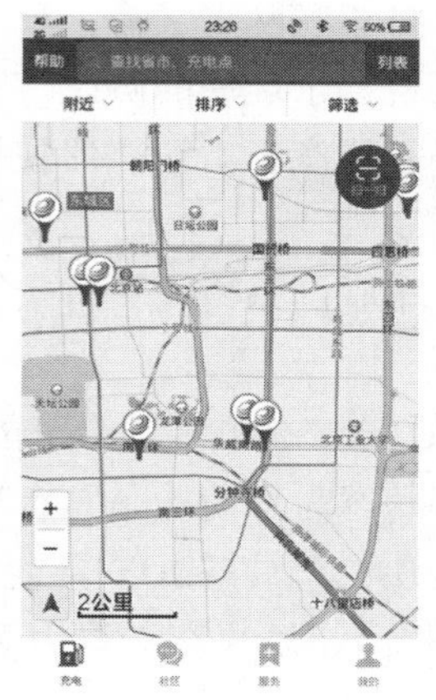

图 7-6　国家电网“e 充电”

7.2.2　车联网

1. 车联网的定义

车联网（Internet of Vehicle，IOV）概念引申自物联网，根据行业背景不同，对车联网的定义也不尽相同。

传统的车联网定义是指装载在车辆上的电子标签通过无线射频等识别技术，实现在信息网络平台上对所有车辆的属性信息和静、动态信息进行提取和有效利用，并根据不同的功能需求对所有车辆的运行状态进行有效的监管和提供综合服务的系统。随着车联网技术与产业的发展，上述定义已经不能涵盖车联网的全部内容。

根据车联网产业技术创新战略联盟的定义，车联网是以车内网、车际网和车载移动互联网为基础，按照约定的通信协议和数据交互标准，在车－X（X：车、路、行人及互联网等）之间，进行无线通信和信息交换的大系统网络，是能够实现智能化交通管理、智能动态信息服务和车辆智能化控制的一体化网络，是物联网技术在交通系统领域的典型应用，如图 7-7 所示。

图 7-7　车联网

因此我们可以将车联网定义为：车内是个局域网，车跟车组成车际网，车网与互联网相连，三者基于统一的协议，实现人、车、路、云之间数据互通，并最终实现智能交通、智能汽车、智能驾驶等功能。

2. 车联网的体系框架

从网络上看，车联网系统是一个“端”“管”“云”三层体系，如图 7-8 所示。

第一层（端系统）：端系统是汽车的智能传感器，负责采集与获取车辆的智能信息，感知行车状态与环境；是具有车内通信、车间通信、车网通信的泛在通信终端；同时还是让汽车具备 IOV 寻址和网络可信标识等能力的设备。

第二层（管系统）：解决车与车（V2V）、车与路（V2R）、车与网（V2I）、车与人（V2H）等的互联互通，实现车辆自组网及多种异构网络之间的通信与漫游，在功能和性能上保障实时性、可服务性与网络泛在性，同时它是公网与专网的统一体。

第三层（云系统）：车联网是一个云架构的车辆运行信息平台，它的生态链包含了 ITS、物流、客货运、汽修汽配、汽车租赁、企事业车辆管理、汽车制造商、4S 店、车管、保险、紧急救援、移动互联网等，是多源海量信息的汇聚，因此需要虚拟化、安全认证、实时交互、海量存储等云计算功能，其应用系统也是围绕车辆的数据汇聚、计算、调度、监控、管理与应用的复合体系。

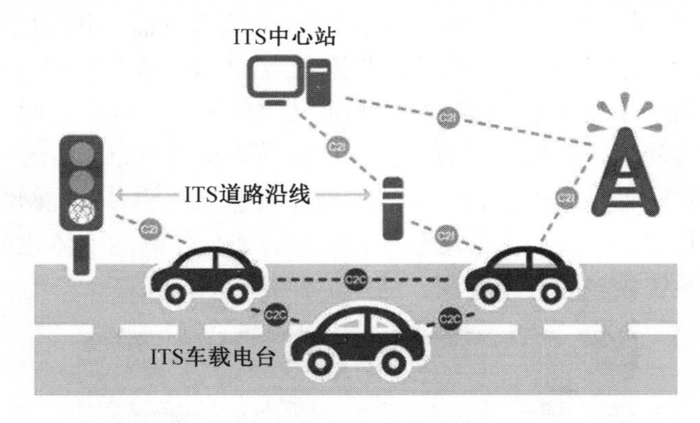

图 7-8　车联网体系架构

在新型体系架构下，智能计算平台主要完成汽车行驶和信息交互过程中多元、海量、异构数据的高速计算处理，为规划决策和控制提供实时响应，实现汽车的自动驾驶、联网服务等功能。由计算芯片、传感控制、通信网络、操作系统、人工智能算法等构成的智能计算平台将扮演越来越重要的角色，并成为产业生态的核心和制高点。

与智能电网、安防等领域相比，车联网并不是最成熟、最接近实际应用的物联网应用，但凭借其战略高度和庞大的消费市场，仍然赢得了强烈的关注，之所以智能汽车联网发展受追捧，能产生新的经济形态是其中主要的原因，并且这也恰恰符合泛在电力物联网出现的原因之一：社会经济形态发生变化。

3. 车联网在智慧车联网平台中的应用——“e 车购”

国网电动汽车公司在智慧车联网平台的基础上推出“e 车购”平台，通过全国上千家线下网点，结合电动汽车的充电需求，构建可以为广大用户提供便捷购车、便捷充电、便捷服务的共享服务体系，持续丰富服务种类，将供电营业厅从传统电力业务办理网点逐步拓展为聚合能源终端的服务窗口，提出“服务一条龙，套餐总价低；线上全贯通，购车轻量化；电管家引导，家门口充电；全流程跟踪，全天候服务”的承诺。

传统4S店的售车模式不适应互联网时代，而新兴电商售车模式中用户的购车体验又很差，结合二者的优点，摒弃二者的不足，“e 车购”通过计算机应用、人脸识别和大数据分析等技术，为用户提供最适合的车型和套餐。此外，还会结合线下车辆整备中心提供试乘试驾、协调车源、验车上牌等服务，简化购车流程，为用户提供电动汽车全生命周期一条龙服务。

依托互联网、计算机应用、数据分析等技术，“e 车购”将搭建智能运监物联网平台，以电动汽车作为智能终端联网介入，为泛在电力物联网打下基础，推动传统设备向智能物联网方向发展。

7.2.3　智能电网

相关统计表明，90%以上的车辆95%的时间处于停驶状态，当电动汽车市场渗透率达到一定的规模，通过适当的激励措施鼓励电动汽车用户在车辆停驶时，将电动汽车作为可移动的分布式储能装置接入电网以实现电能双向可控流动。这样电网企业和电动汽车用户将获得双赢。对电网企业：电动汽车用于储能和控制负荷，能提高用电低谷时段电能的利用率；在负荷高峰时向电网释放多余电能，协助电网满足高峰负荷需求，以降低新建发电机组的投入；电网停电时用作备用电源，提高电网可靠性。对电动汽车用户：可以在负荷低谷时低价充电；根据需要在负荷高峰时以高价回售电网，进一步降低电动汽车的使用成本，从而实现最优化的用电模式。

1. V2G 技术的概念介绍

V2G 技术描述的是一种新型电网技术，电动汽车不仅作为电力消费体，同时，在电动汽车闲置时可作为绿色可再生能源为电网提供电力，实现在受控状态下电动汽车的能量与电网之间的双向互动和交换。V2G 技术体现的是能量双向、实时、可控、高速的在车辆和电网之间流动，充放电控制装置既有与电网的交互，又有与车辆的交互，交互的内容包括能量转换、客户需求信息、电网状态、车辆信息、计量计费信息等。因此，V2G 技术是融合了电力电子技术、通信技术、调度和计量技术、需求侧管理等的高端综合应用，V2G 技术的实现将使电网技术向更加智能化的方向发展，也将使电动汽车技术的发展获得新突破。

2. V2G 技术的工作原理

V2G 技术是一项较为前瞻的科技，从结构框架上大致分为 4 个层面：电网层、站控层（本地监控层）、智能充放电装置层和车辆层，涉及电力电子、通信、调度、计量和需求侧管理等多方面的技术。图 7-9 所示为 V2G 技术的系统原理框图。

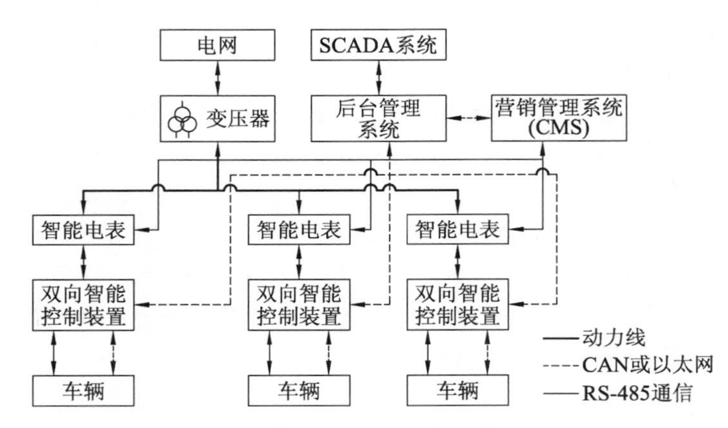

图 7-9　V2G 技术的系统原理框图

① 实现电能在电网和车辆之间双向流动的双向智能控制装置与参与 V2G 技术的车辆连接后，将连接车辆可充放电的实时容量、充电状态（SOC）等受控信息提供给后台管理系统。

② 后台管理系统采集、统计、计算所管辖范围内所有车辆可充放电的实时容量、受控时间等信息，实时提供给电网安全监控和数据采集（SCADA）系统。

③ 后台管理系统根据电网 SCADA 系统的调度指令，下发充放电指令，对所管辖范围内双向智能控制装置进行充放电控制管理并反馈相关信息。

④ 双向智能控制装置执行后台管理系统指令，对连接车辆进行充放电操作。

V2G 技术的充放电业务流程如图 7-10 所示。

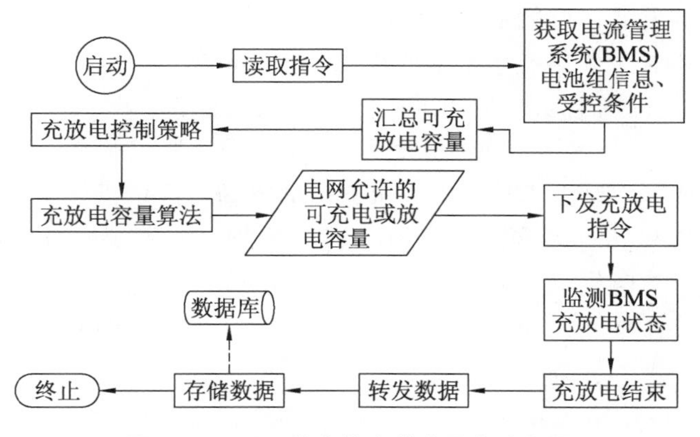

图 7-10　V2G 技术的充放电业务流程图

3. V2G 技术的重要意义

① V2G 技术实现了电网与车辆的双向互动，是智能电网技术的重要组成部分。V2G 技术的发展将极大地影响未来电动汽车商业运行模式。研究表明：与智能车辆和智能电网同步进展，可外接插电式混合电动车（PHEV）和纯电动汽车（EV）将在 20 A 之内成为配电系统本身不可分割的一部分，提供储能，平衡需求，紧急供电和维护电网的稳定性。90% 以上的乘用车辆平均每天行驶时间 1 h 左右，95% 的时间处于闲置状态。将处于停驶状态的电动汽车接入电网，并且数量足够多时，电动汽车就可以作为可移动的分布式储能装置，在满足电动汽车用户行驶需求的前提下，将剩余电能可控回馈到电网。

② 应用 V2G 技术和智能电网技术，电动汽车电池的充放电将被统一部署，根据既定的充放电策略，电动汽车用户、电网企业和汽车企业将获得共赢：

对电动汽车用户而言，可以在低电价时给车辆充电，在高电价时，将电动汽车储存能量出售给电力公司，获得现金补贴，降低电动汽车的使用成本。

对电网公司而言，不但可以减少因电动汽车大力发展而带来的用电压力，延缓电网建设投资，而且可将电动汽车作为储能装置，用于调控负荷，提高电网运行效率和可靠性。

对于汽车企业，电动汽车目前不能大规模普及的一个重要原因就是成本过高。V2G 技术使得用户使用电动汽车的成本有效降低，反过来必然会推动电动汽车的大力发展，汽车企业也将受益。

③ V2G 技术还使得风能、太阳能等新能源大规模接入电网成为可能并实现。风能和太阳能受天气、地域、时间段的影响，其不可预测性、波动性和间歇性使其不可直接接入电网，避免影响电网稳定。目前所建风力发电厂的 60% 以上能量都因为不够稳定而不能接入电网。通过 V2G 技术，可用电动汽车来储存风力

和太阳能发出的电能，再稳定送入电网。

4. V2G 技术在智慧车联网平台的应用——“e 维宝”

“e 维宝”是国网电动汽车公司在智慧车联网平台的基础上推出的另一款应用层产品。“e 维宝”的运行主要是利用 V2G 技术，通过智慧车联网平台，结合电网运行情况实现电动汽车充放电需求的灵活管理。区别于传统燃油车单一的行驶价值，电动汽车具有多维能源价值：利用车载电池资源配合电网参与削峰填谷、辅助服务、应急供电、清洁能源消纳等，使车辆真正与电网融为一体，互为补充；车主在停车期间，通过接入双向充放电设备参与电网服务，或者为大型电力客户进行削峰填谷，降低用能成本，获得收益。

用户使用“e 维宝”APP 即可完成线上签约，参与“e 维宝”各项业务。车辆停在指定地点，“e 维宝”会自动调度资源，完成上述车辆能源属性应用。

传统的燃油车只有行驶价值，而互联网化、智能化的电动汽车是一个高效的信息终端，更是一个可移动的能量载体。“e 维宝”可以最大化发挥电动汽车的能源属性价值。

7.3　智慧车联网的未来与展望

车联网的未来主要可以在以下两方面进一步构建：

1. 车船一体化运营

国网电动汽车公司充分发挥智慧车联网平台在人、车、船、桩、网、电的枢纽作用，积极拓展生态业务，建成服务“两纵一横”港口船舶用电的岸电云网。船舶靠港期间，用电均需依靠岸电桩。国网电动汽车公司开发的岸电云网实现了岸电服务互联互通，船舶碳排放量、靠港供电量等数据，都能依托云网计算，为每艘过往船只提供精准的个性化服务。目前，三峡坝区已有 16 个码头和 12 个锚地岸电设备接入岸电云网，福建、江苏等地在运大容量岸电设施也将陆续接入，岸电云网将助力长江流域港在未来实现岸电全覆盖，实现“车船一体化运营”，2019 年平台岸电电量预计将突破 1000 万千瓦时。

2. 充电监管平台

国网电动汽车公司利用自身的数据资源，承担政府公共服务智能平台的建设，已为重庆、江西、安徽、陕西等六个省份的政府部门提供了充电监管平台，方便政府部门管理决策。此外，车联网平台还实施“中台”战略，加快建设“小前台、大中台”体系，不断丰富平台功能，强化业务支撑能力和商业变现能力。

根据规划，到 2020 年，国网智慧车联网平台接入的充电桩数量将超过 80 万个，其中，国网电动汽车公司建成的充电桩达到 12 万个，平台注册用户数将超过 300 万人，为国网经营区域范围内的全部电动汽车用户提供充电服务，平台年充电量达到 200 亿千瓦时。

智慧车联网平台将利用多元化接入手段，扩大个人及专用充电桩的分享规模，加强互联互通，支持社会资本投资建设充电基础设施，增强数据融合，并在此基础上承担发展战略新型业务的使命，解决电动汽车充电的后顾之忧，助力电动汽车产业发展，消纳更多清洁能源，助推能源生产和消费革命。让电动汽车用户从有电可充到充电无忧，最终实现充绿色电，比加油更方便，让电动汽车成为出行的首选方式。

7.4　本章小结

本章对电力物联网产业新星——电动汽车智慧车联网进行了介绍，包括智慧车联网的概念、发展及业务构成，其中智慧车联网平台由桩联网、车联网、智能电网三部分构成。分别对三者进行了详细的介绍，并且对 V2G 技术进行了详细的讲解，包括 V2G 技术的概念、工作原理及应用。智慧车联网的发展可以改变汽车行业的经济形态，并给消费者带来了便捷的用户体验，发展建设智慧车联网是大势所趋，也是泛在电力物联网建设中至关重要的一步。

第 8 章 泛在电力物联网的应用及展望

与物联网一样，泛在电力物联网也有其具体的应用，但是泛在电力物联网的应用更加偏向于用户侧的体验，因此本章选取了电力生产与运行各个环节中的泛在电力物联网应用案例，意在向读者表明泛在电力物联网的泛在、高效、智能。最后，对泛在电力物联网的未来进行了展望。

8.1 泛在电力物联网的应用

8.1.1 发电侧

1. 发电机智能远程监控系统

发电机远程监控系统是利用 GPRS 技术对柴油发电机组实现远程控制管理，通过自动监测控制系统实现柴油发电机组的油温、油压、水温、转速、电池电压的监测和控制，监测和控制数据通过 GPRS 无线传输技术发送到控制中心，控制系统的管理软件根据标准数据核对与分析，得出反馈数据由 GPRS 传送回自动监测系统，通过其对柴油发电机组的控制，保障柴油发电机组的可靠运行。

2. 云发电机组

云发电机组是基于物联网技术的一种新型发电机组，它已经不是一个独立的发电机组，而是一个具有自我服务和管理能力的发电机组。云发电机组是在传统的发电机组的基础上，通过自身强大的网络连接功能，用不同方式连接到厂商的云服务器，然后通过云服务器所具备的强大数据分析能力，为机组做早期故障预警、远程故障诊断、机组信息管理、售后服务的流程管理等，如图 8-1 所示。相当于在普通机组的基础上，延伸（连接）了一个强大的大脑。

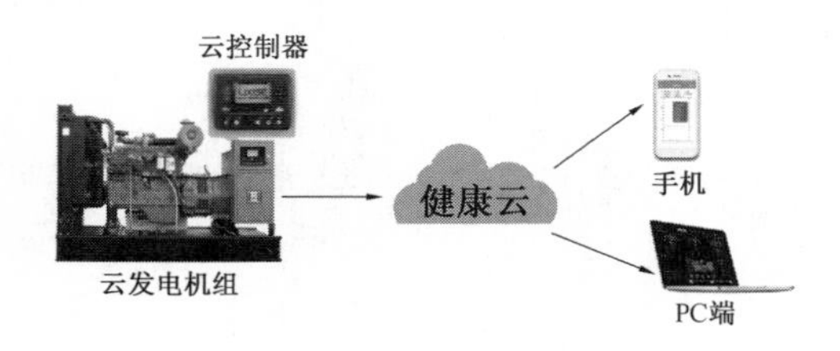

图 8-1 云发电机组工作示意图

(1) 云发电机组的组成

云发电机组由发电机智能控制器、无线数据采集器（DTU）、服务器、监控中心等组成。

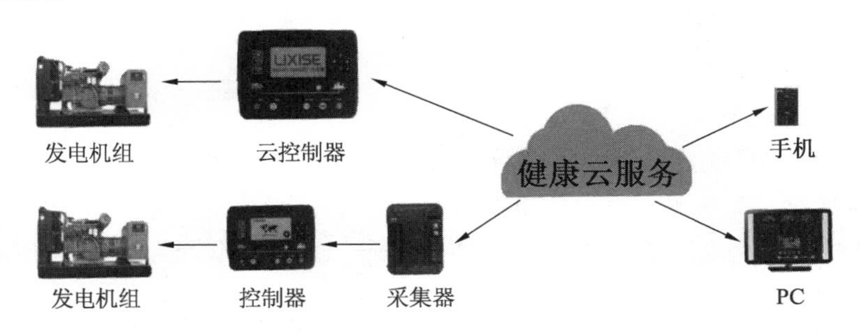

图 8-2　云发电机组的组成方式

(2) 云发电机组的优势

① 远程监测和控制

不管在全球任何地方，只要有网络，就可以采用手机或 PC 电脑远程监测发电机组的运行数据，如图 8-3 所示，控制发电机组的运行，除监测机组基本信息外，还可以监测励磁电压、电调输出电压、轴承温度、绕组温度等，更全面的监测是为了精准检查机组的健康状况。

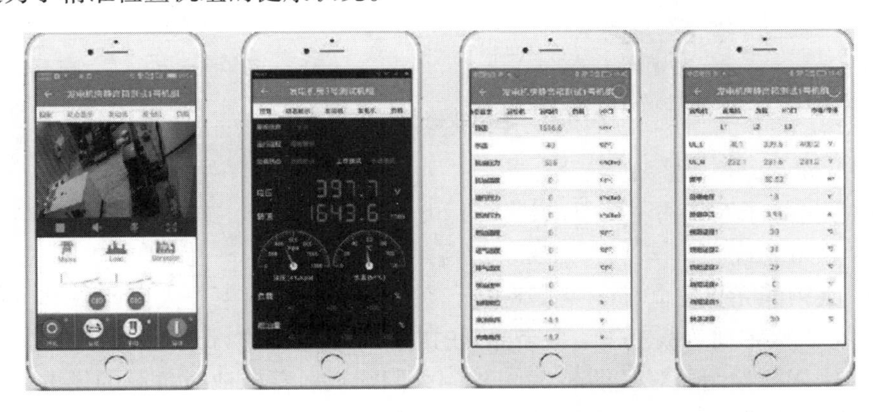

图 8-3　云发电机组的远程监测和控制

② 手机端远程监控展示

采用摄像头嵌入技术，可以远程清楚地看到云发电机组的现场环境，避免意外操作产生危险事件。发电机组运转的实时状态数据动态显示，可清楚地反映当前发电机组运行状态，实时显示发动机各项详细数据，帮助技术人员了解发动机实时运行情况，了解发电机各项指数是否处于正常范围。

③ 快速解决故障

机组出现故障，厂商直接通过云服务器获取记录，技术人员分析数据，进行远程故障诊断，简化厂商和用户之间关于故障情形的沟通，快速分析机组故障原因，解决故障问题。

8.1.2 输电侧

输电侧的典型应用是输电线路智能监控系统。

1. 输电线路智能监控系统的组成

输电线路智能监控系统由前端监控子系统、通信网络、监控管理中心三部分组成，如图 8-4 所示。

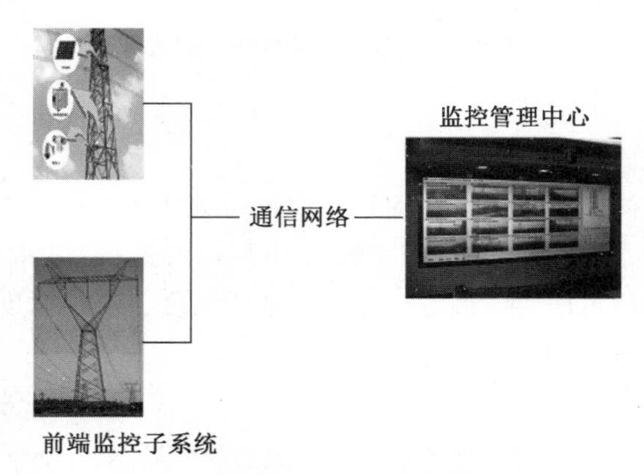

图 8-4 输电线路智能监控系统

(1) 前端监控子系统

前端监控子系统的主要组成部分如下：

① 供电系统

a. 太阳能光伏发电板（见图 8-5）。在太阳光的照射下，太阳能板产生的电能一部分直接带动负载工作，剩余部分的电能对蓄电池进行充电。

b. 太阳能控制器（见图 8-6）。控制太阳能板、蓄电池对负载的供电，并对蓄电池的放电进行保护。

c. 蓄电池。蓄电池储存电能，当阴雨天太阳能板不能发电时，蓄电池通过太阳能控制器直接带动负载工作。在系统每天工作 12 ~ 24 h 的条件下，蓄电池可保证阴雨情况下工作的天数为 5 ~ 10 d。蓄电池为免维护胶体蓄电池，安全防爆。

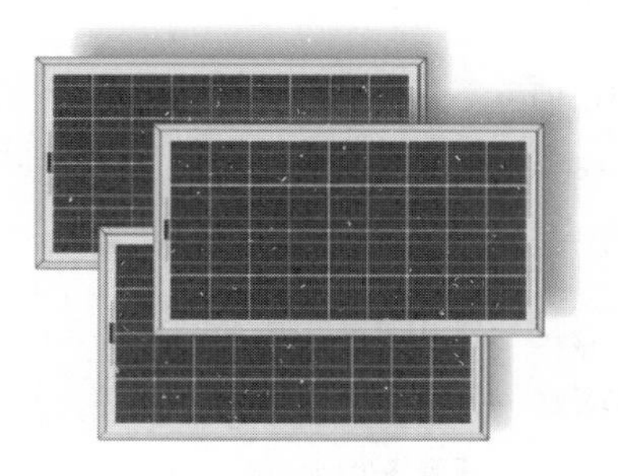

图 8-5　太阳能光伏发电板

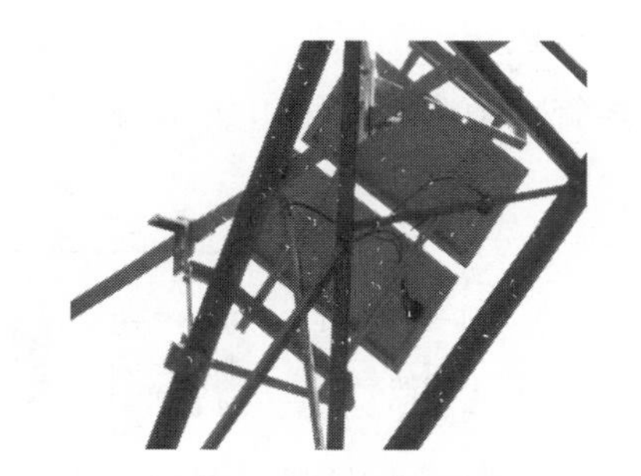

图 8-6　太阳能控制器

② 智能监控前端主机

智能监控前端主机如图 8-7 和图 8-8 所示。

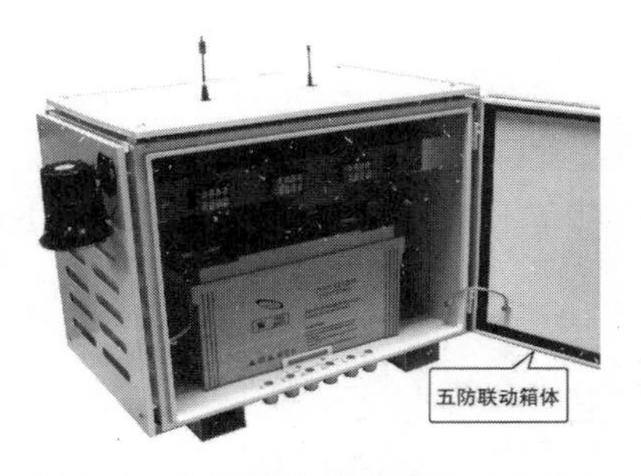

图 8-7　智能监控前端主机（内部）

图 8-8　智能监控前端主机（外部）

③ 摄像机部分（见图 8-9）

系统可采用云台摄像机或高速球摄像机：水平 360°，±90°或 0～90°全方位旋转；128 个预置位自动巡航功能，在不同的预置位运行不同的算法，进行不同功能的智能检测。4～126 mm 光学变焦，可分辨出线路及周边 500 m 范围内的面积为 0.4 m×0.4 m 的物体。

图 8-9　摄像机部分

（2）监控管理中心

监控管理中心的系统组成结构如图 8-10 所示。

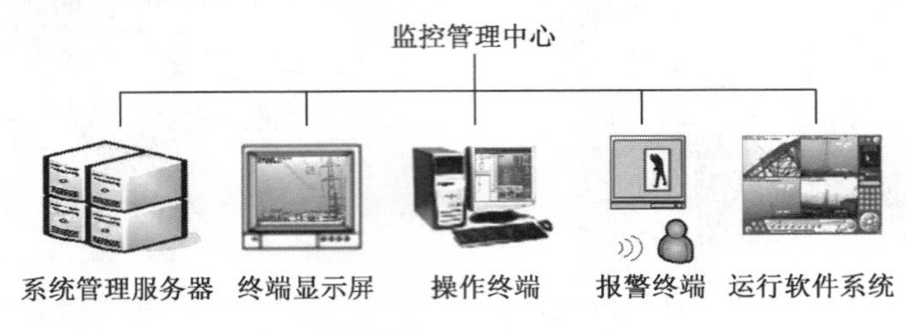

图 8-10　系统组成结构

2. 系统功能

（1）实时视频监控

实时视频监控可以实现输电线路整体状态实时显示、1～36 幅画面任意组合显示、定时自动轮换显示前端实时画面、实时自动弹出报警位置画面及信息、传感器数据实时轮巡显示、前端设备自身运行状态实时显示等功能，如图 8-11 所示。

图 8-11　实时视频监控

（2）人工视频巡线

人工视频巡线可以实现云镜控制、相机参数控制、巡线预置位预案设置、人工调用巡线预案、传感器数据查询等功能，如图 8-12 所示。

图 8-12　人工视频巡线

（3）导线覆冰智能视频检测与报警

该系统可对导线覆冰的直径进行检测，并根据事先设置的变化范围进行判断、报警，如图 8-13 所示。

图 8-13　导线覆冰智能视频检测与报警

8.1.3　变电侧

变电侧的典型应用是智能巡检机器人。设计智能巡检机器人是为了降低特种环境下的人工检查设备存在的安全风险和提高工作的效率及精确性、实时性等。

1. 智能巡检机器人的组成

智能巡检机器人由四驱动底盘、激光传感器、智能云台、可见光摄像机、红外热像仪及其他部件组成，如图 8-14 所示。

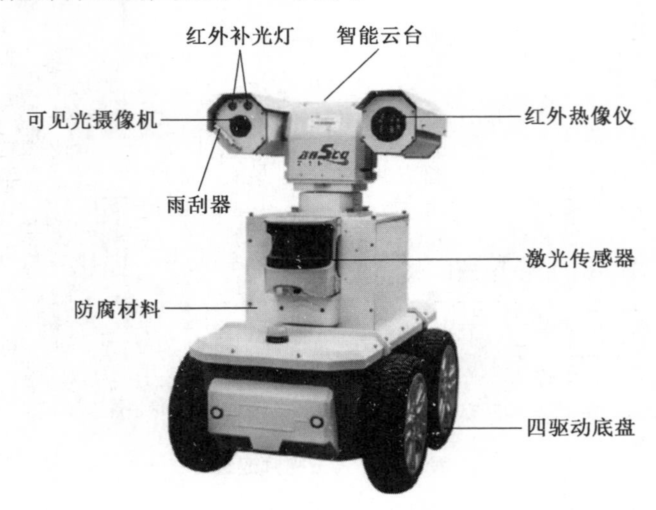

图 8-14　智能巡检机器人

2. 智能巡检机器人的工作目标

智能巡检机器人用于替代人工完成变电站巡检中遇到的急、难、险、重和重复性工作。可以加载红外热成像仪、气体检测仪、高清摄像机等有关的电站设备检测装置，以自主和遥控的方式，代替人对室外高压设备进行巡测，以便及时发现电力设备的内部热缺陷、外部机械或电气问题，如异物、损伤、发热、漏油等，向运行人员提供诊断电力设备运行中的事故隐患和发现故障先兆的有关数据。智能巡检机器人的推广应用将进一步提高电力生产运行的自动化水平，为电力安全生产提供更多保障。图 8-15 所示为巡检机器人执行任务。

按照规划好的线路到达各个巡航点执行任务

图 8-15　巡检机器人执行任务

（1）多点自主巡航

巡检机器人的智能扫描形成系统场地地图，在系统中根据地图实现任务规划功能，可编辑巡检点不少于 2000 个，如图 8-16 和图 8-17 所示。

图 8-16　多点自主巡航

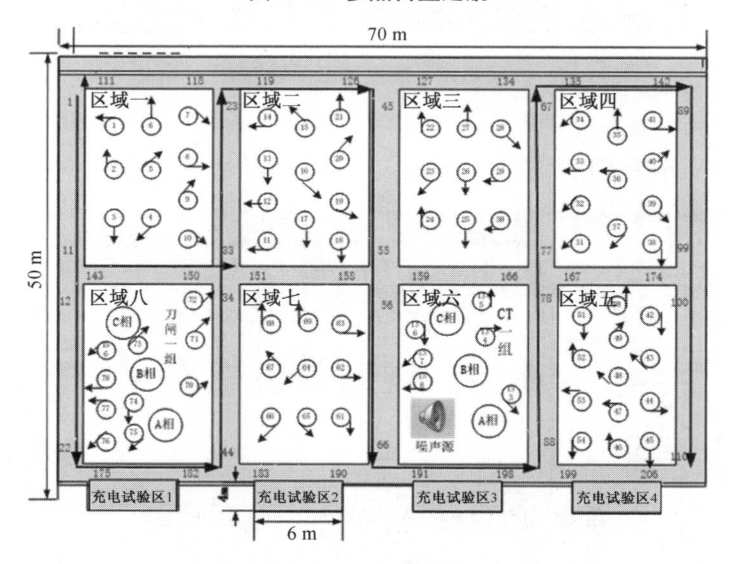

图 8-17　巡检线路标识

（2）可视化温度识别技术

根据红外热成像原理，机器人可实现非接触式的温度测量，并图像化显示。图 8-18 为双视场观测情景。

图 8-18　双视场可视化观测

（3）实时数据分析

图 8-19 所示为实时数据分析情况。

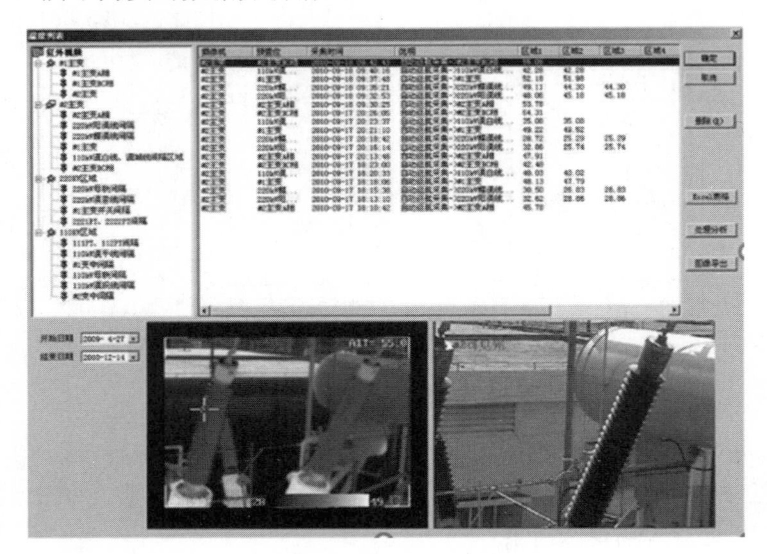

图 8-19　实时数据分析

（4）报表的生成

系统具备自动生成设备缺陷报表、巡检任务报表等功能，并提供温度历史曲线展示功能，所有报表具有查询、打印等功能，如图 8-20 所示。

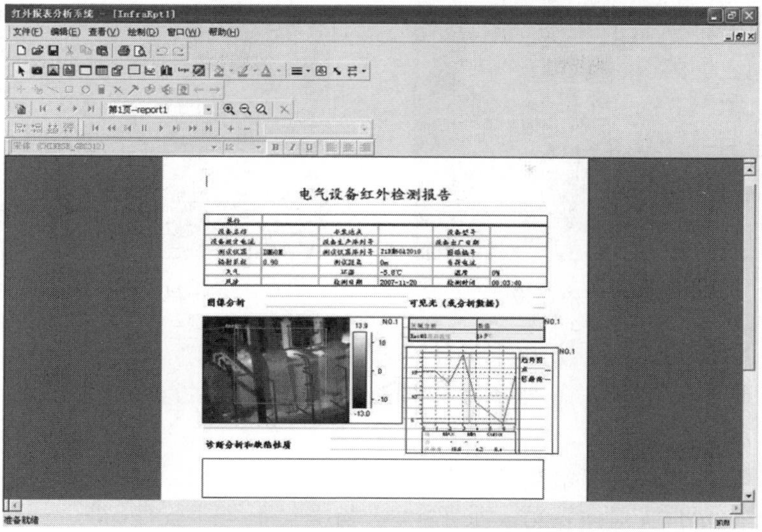

图 8-20　自动生成报表

（5）自主执行任务

无须人员操控，按时间表自主执行任务并自主进行充电，如图 8-21 和图 8-22 所示。充满一次电最大续航时长为 5 h。

图 8-21　巡检机器充电中

图 8-22　激光制导自主充电

3. 智能巡检机器人的特点

智能巡检机器人在电力行业可实现在无人值守的变电站及其他无人值守的电力环境下的室内（见图8-23）、室外（见图 8-24）巡检工作，具有环境适用性强和可扩展性强两大特点。

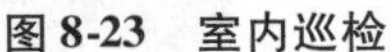

图 8-23　室内巡检

图 8-24　室外巡检

（1）环境适用性强

智能巡检机器人在各种环境中都可稳定、可靠运行，并且具备以下性能指标：

① 军用四驱动底盘最高运行速度可达 3 m/s。

② 可抵抗最大风速：20 m/s（注：8 级大风 17.2～20.7 m/s），最大涉水深度 100 mm。

③ 爬坡能力应不小于 15°，越障能力，最大越障高度为 5 cm。

④ 充电一次可续航工作 5 h。

⑤ 四驱底盘具备自动加热系统以适应低温下的工作，可选滚带式底盘应对结冰路面等情况，如图 8-5 所示。

⑥ 云台具备自动加热系统，同时云台内部采用低温润滑油防结冰，如图 8-25 所示。

⑦ 外壳表面有保护涂层或防腐设计，符合《IPC J－STD－033B.1—2007》标准。

⑧ 机器人的最大工作温度为 50 ℃，内置自动调温技术，最低能在－45℃下工作。

⑨ 全体设计防护等级 IP66，部分可达 IP67。

图 8-25　防滑防结冰

（2）可扩展性强

由于环境变化及应用的需求提升，设备的后续扩展性有以下 6 个：

① 仪器实时控制增强；

② 图像处理技术的升级；

③ 红外图像智能识别技术的提升；

④ 系统平台软件的升级；

⑤ 客户端 WEB 软件的升级；

⑥ 各种硬件的升级（如字母分离式巡检机器人等）。

8.1.4　配电侧

配电侧的典型应用是配电站所物联网综合监控系统。

1. 配电站所物联网综合监控系统概述

配电站所物联网综合监控系统以 HT 物联网智能主机系列为基础，系统拓扑结构如图 8-26 所示。

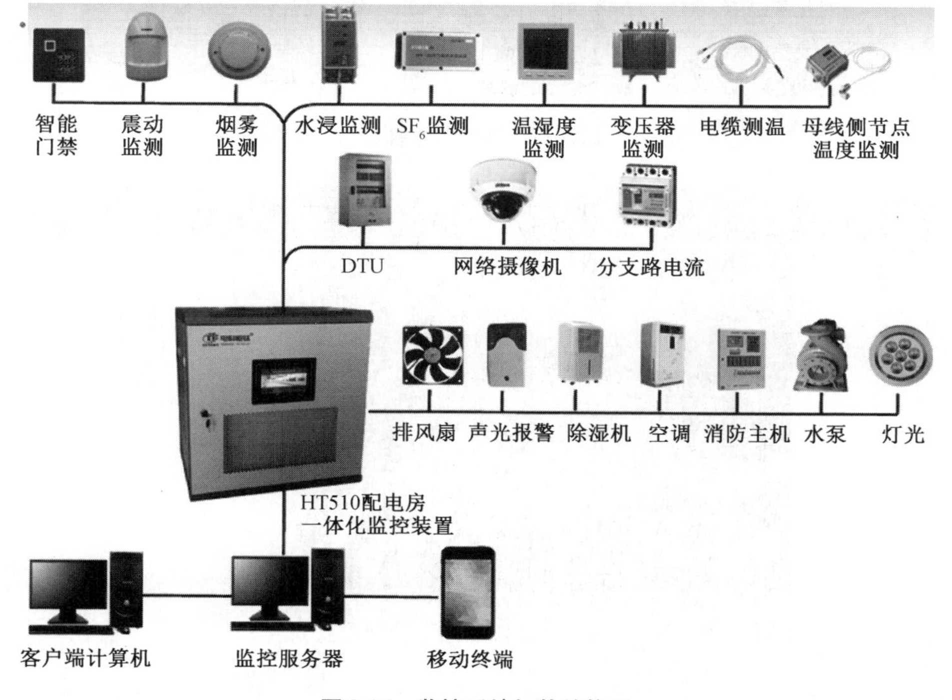

图 8-26　监控系统拓扑结构图

以“智能感知和智能控制”为核心，实现如下功能：智能配电、环网柜

DTU 运行监控、开关柜母线测温检测、电缆测温监控、高压开关柜带电显示、电流电压等负载运行监控、环境监控、安防监控，以及采暖、通风、灯光、风机、除湿机控制等功能，并可以通过增加设备扩展智能门禁、SF_6、H_2S、O_3等有害气体在线监测等功能。

该系统采用分布式和模块化架构，分为终端装置和系统软件两部分，如图 8-27 ~ 图 8-31 所示。

配电站所物联网监控系统为分层、分区的分布式结构，按地区级主站系统、集控站级主站系统和站端系统三级构建，系统由通信服务器、WEB 服务器、管理服务器、客户端等组成。

图 8-27　智能配变终端

图 8-28　监控系统软件

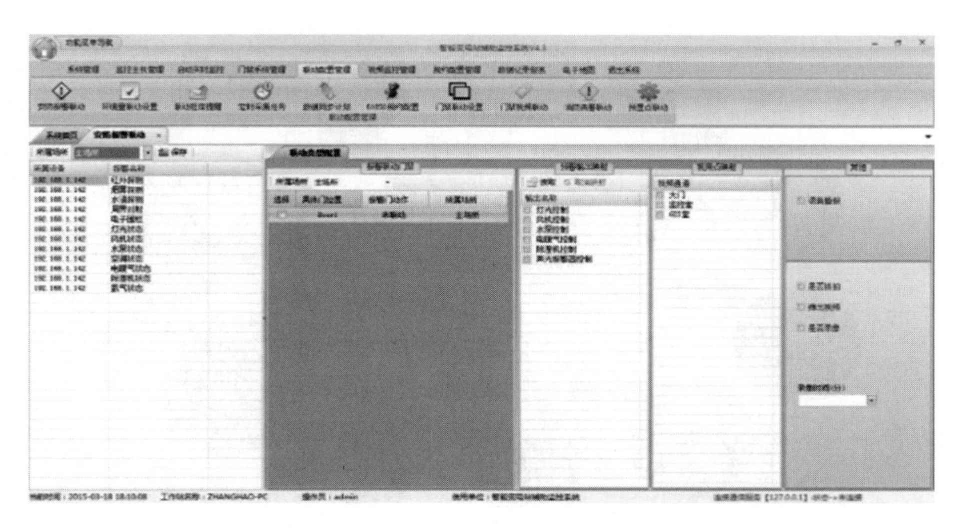

图 8-29　软件配置界面

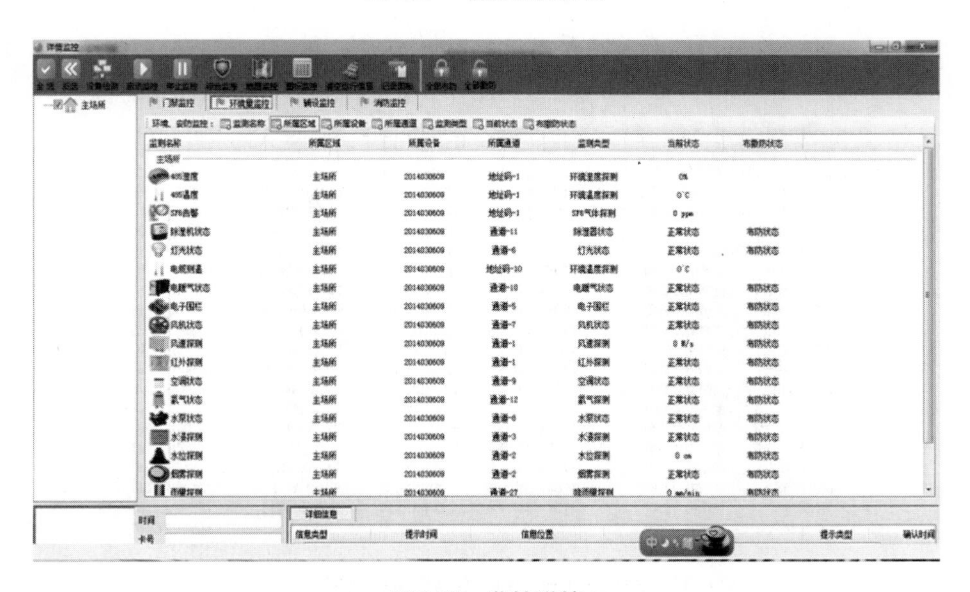

图 8-30　监控详情

图 8-31　监控功能

2. 配电站所物联网综合监控系统应用案例

配电站所物联网综合监控系统应用案例如图 8-32 所示。

500KV金城变（国网第一批智能站试点）		110KV驻南变	河南电力公司	110KV天柱变	河北电力公司
220KV许昌鄢陵变（河南第一个智能站）		110KV金汇变	河南电力公司	110KV东兴站	天津电力公司
220KV南昌肖江变（江西第一个智能站）		110KV信息变	河南电力公司	110KV哈密站	新疆电力公司
220KV烟台芝罘变（山东第一个智能站）		110KV新城变	河南电力公司	500KV包家变	吉林电力公司
山西220kV浑源站（山西第一个智能站）		110KV王家坳变	湖北电力公司	35kv香怨变	山东电力公司
合肥供电公司（70个站）		110KV南湖变	湖北电力公司	110kv南谢变	山东电力公司
宿州供电公司（12个站）		110KV阳新变	湖北电力公司	110kV河津西庄山变	山西电力公司
110KV 杜仲变	安徽电力公司	220KV富池变	湖北电力公司	220kv大仓前变	江西电力公司
110KV 晚苏变	安徽电力公司	110KV科技园变	陕西电力公司	110kv巴音乌素变	内蒙电力公司
110KV 溪河变	安徽电力公司	110KV周塬变	陕西电力公司	66kv伊和乌素变	内蒙电力公司
35KV 茶山变	安徽电力公司	110KV城固变	陕西电力公司	66kv锡尼变	内蒙电力公司
110KV 渔沟变	安徽电力公司	100KV凉山喜得变	四川电力公司	110kv金箔变	江苏电力公司
110KV 高炉变	安徽电力公司	110KV红星变	四川电力公司	220kv湖边变	福建电力公司
110KV 学院变	安徽电力公司	110KV大石变	四川电力公司	220kv彭厝变	福建电力公司
110KV 彩虹桥变	蒙东电力公司	330KV 玛多变	青海电力公司	110kv富春变	浙江电力公司
110KV 小新地变	蒙东电力公司	110KV 河湾变	青海电力公司	220kv东蒲变	浙江电力公司
110KV 扣河子变	蒙东电力公司	330KV共和变	青海电力公司	110kv沟洁	甘肃电力公司
220KV 奈曼变	蒙东电力公司	110KV武源升压站	宁夏电力公司	110kv西城	甘肃电力公司
220KV 阿荣旗	蒙东电力公司	110KV五六七变	宁夏电力公司	白山水电站	辽宁电力公司
220KV北郊变	河南电力公司	110KV双流充电站	上海电力公司	蒲石河水电站	辽宁电力公司
110KV七里河变	河南电力公司	110KV 青草沙变	上海电力公司	小山	辽宁电力公司
……					

图 8-32　配电站所物联网综合监控系统应用案例

8.1.5　用电侧

用电侧的典型应用为智能电表，其分层架构如图 8-33 所示。

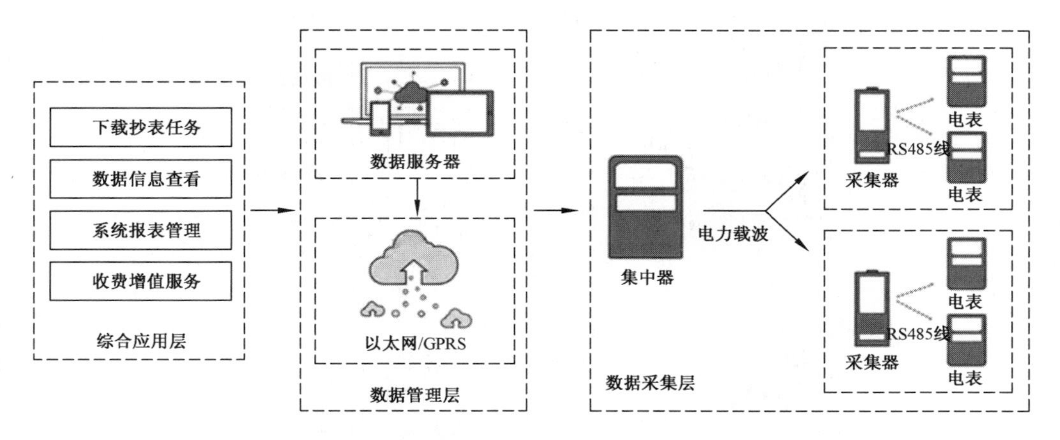

图 8-33　智能电表分层架构

1. 智能电表概述

我国在 2000 年以后开始逐步使用预付费电表，在电量计量的基础上，增加了预付费控制功能，实现用户先买入电量、再使用的有条件供电控制。随着电子技术的发展，电表配合现代通信技术、计算机技术，实现了远程抄表的自动化功能。这样有助于降低人工成本，通过对电力数据的分析，可以有效分配电网资源，提高电能的利用效率。“十三五”期间，国家电网继续推广智能电表的配套采集建设，重点实现用电信息采集系统全覆盖，两年新增采集用户 7885 万户（包括采集终端 780 万台），两年投资约 95 亿元。

2. 远程抄表

远程抄表系统（见图 8-34）以全自动的抄表方式取代了传统的人工抄表方式，解决了人工抄表效率低及人工抄表无法抄读出电表内部小时段分项数据的问题。与同类抄表系统相比，完全是建立在网络普及应用、物联网技术成熟的环境基础上，运用先进的云台系统架构，使系统具备远程调试、远程维护及与外部第三方软件的数据交互功能。

该系统采用先进的网络数据传输技术，对所有领域的电能计量的使用状况进行实时采集和分类、分项统计，使大分部电能数据可以按小时、天、月为单位进行分类数据展示，还可以提供其他功能定制，为改善用电提供详细的数据支持，使用电管理更高效。

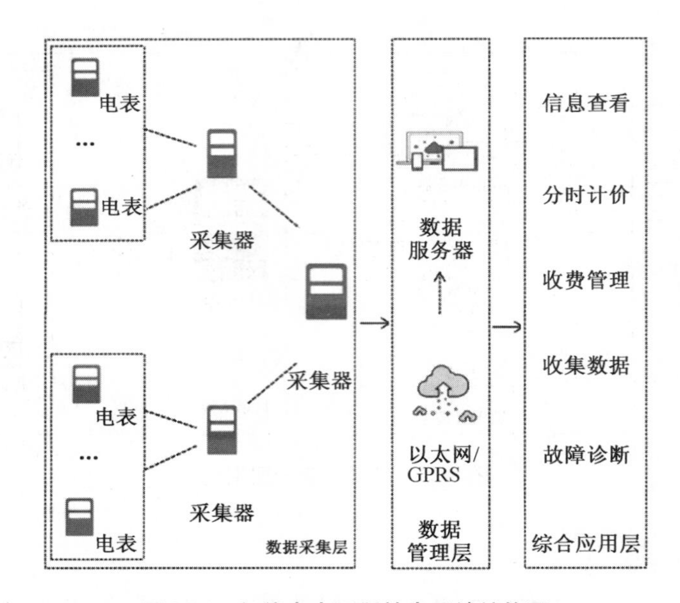

图 8-34　智能电表远程抄表系统结构图

8.2　泛在电力物联网的未来展望

能源互联网的建设将带来技术变革、模式变革，引领能源电力发展。包括电网可靠性的提高、新能源消纳、安全阈度提高等，最终达到的效果就是能源产业链的增长。同时，能源互联网的建设同样可以带动产业、完善生态、使交易充分、提高效率、提升数据价值，如图 8-35 所示。

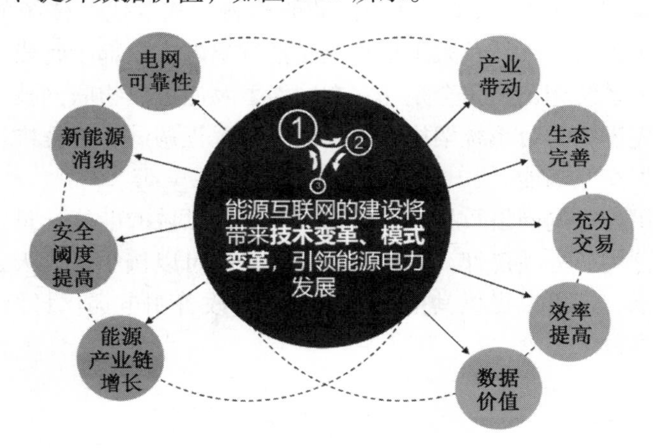

图 8-35　能源互联网将带来变革

1. 经营模式变革

未来经营模式将由电网主业、综合能源服务、互联网运营、金融交易等构成，收入由资本运作、数据增值、流量变现等构成，成为枢纽型、平台型和共享型的世界一流能源互联网公司。在社会经济和产业生态中处于核心位置，形成多元化价值形态。

2. 打造能源电力系统的“AlphaGo”

电力系统的“AlphaGo”结构如图 8-36 所示。

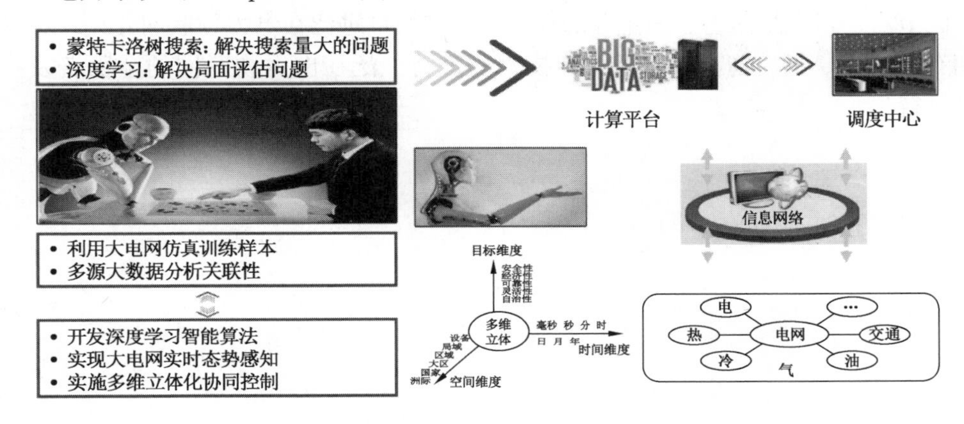

图 8-36　电力系统“AlphaGo”

3. 数字双平面

基于泛在电力物联网构建与物理世界实时、完整映射的数字世界；形成双平面平行系统，实现电网全环节、全过程、全业务的数字化刻画与描述。

通过人工虚拟系统结合实际系统所得到的平行系统来进行数据驱动，进而达到企业变革与创新的目的。创新即新业务、新业态、新模式、新成本、新速度、新体验；变革即决策模式、运营模式、服务模式、盈利模式、企业文化、组织架构的变革。数字平面驱动物理电网的高度智能，衍生电网的再生价值；推动再电气化，构建能源互联网，以清洁和绿色方式满足电力需求；以客户为中心，人民电业为人民；打造高数字化、高智能化的能源互联网企业。

4. 世界一流能源互联网企业

以坚强智能电网为基础，深度融合泛在电力物联网，对电网状态进行全息感知、对运营数据进行全面连接、使公司业务全程在线、力求客户服务全新体验及能源生态开放共享，实现能量流、数据流和业务流三流合一，成为枢纽型、平台型和共享型的世界一流能源互联网企业。

8.3 本章小结

本章介绍了泛在电力物联网在电力生产运行各环节中的具体应用，它们有一个共同点，即注重用户服务端的建设，不管是云发电机组，抑或是智能运检机器人等，它们的出现都是为了让使用者可以更加快捷、高效的与电网进行互动，大大提高了用户侧的使用体验。目前，泛在电力物联网建设已有明确的阶段目标和时间节点，当下最紧迫、最重要的任务就是加快推进泛在电力物联网建设，相信拥有了“大、云、物、移、智”等技术的加持，泛在电力物联网的全面普及指日可待！

参考文献

[1] Kuyoro Sade, Folasade Osisanwo, Omoyele Akinsowon. Internet of Things (IoT): An Overview. Proc. of the 3th International Conference on Advances in Engineering Sciences and Applied Mathematics (ICAESAM), 2015.

[2] 陶冶，殷振华. 我国物联网发展的现状与规划 [J]. 科技广场，2010 (9): 204 -206.

[3] 杨林. 国内外物联网标准化组织情况 [J]. 大众标准化，2015 (3): 62 -68.

[4] 王京，谢佳讯，杨丁. 基于 RFID 技术的分析与研究 [J]. 电脑迷，2018, 112 (11): 151.

[5] 李瑶. 物联网传感器技术探究 [J]. 中国新通信，2018, 20 (1): 72 -73.

[6] 苟向松，刘延莉，樊龙，等. ZigBee 技术研究概述 [J]. 无线互联科技，2011 (2): 51 -52, 64.

[7] 李良，云计算概述及其在电子商务中的应用探析 [J]. 中国信息化，2018 (3): 50 -51.

[8] 本刊编辑部. 云计算相关知识概述 [J]. 保密科学技术，2015 (4): 10 -12.

[9] 周莹，冷锦，刘中华. 物联网与移动通信网的融合发展研究 [J]. 邮电设计技术，2011 (7): 25 -29.

[10] 刘兰英. 物联网中 M2M 技术的应用实践分析 [J]. 电脑知识与技术，2017, 13 (8): 270 -271.

[11] 刘嘉豪. 智能家居技术及其应用探究 [J]. 住宅与房地产，2018 (31): 81 -82.

[12] 顾兆旭，崔鹏，焦战. 物联网技术在智能交通中的应用 [J]. 信息与电脑 (理论版), 2018 (24): 166 -167.

[13] 周蓉. 国内外智能电网建设现状述评 [J]. 成都纺织高等专科学校学报，2013, 30 (3): 74 -77.

[14] 王益民. 坚强智能电网技术标准体系研究框架 [J]. 电力系统自动化，

2010，34（22）：1－6.
[15] 滕乐天. 建设智能电网的实践和深入思考［J］. 供用电，2010，27（5）：1－4，14.
[16] 王继业. 能源互联网战略与实施的认识和思考［R］. 中国电力科学研究院，2019.
[17] 邢宇辰. 智能电网大数据技术发展研究［J］. 中国新通信，2019，21（4）：52.
[18] 颜拥，赵俊华，文福拴，等. 能源系统中的区块链：概念、应用与展望［J］. 电力建设，2017，38（2）：12－20.
[19] Mengelkamp E，Notheisen B，Beer C，et al. A blockchain－based smart grid：towards sustainable local energy markets［J］. Computer Science－Research and Development，2018，33（1－2）：207－214.
[20] 薛忠斌. 区块链技术在能源互联网中应用［J］. 煤炭工程，2017，49（S1）：46－49.
[21] 张俊，高文忠，张应晨，等. 运行于区块链上的智能分布式电力能源系统：需求、概念、方法以及展望［J］. 自动化学报，2017，43（09）：1544－1554.
[22] Raza M Q，Khosravi A. A review on artificial intelligence based load demand forecasting techniques for smart grid and buildings［J］. Renewable and Sustainable Energy Reviews，2015，50：1352－1372.
[23] 中国南方电网有限责任公司. 智能技术在生产技术领域应用路线方案，2018.
[24] 孙超，王永贵，常夏勤，等. 面向电力大数据的异构数据混合采集系统［J］. 计算机系统应用，2018，27（12）：62－68.
[25] 彭小圣，邓迪元，程时杰，等. 面向智能电网应用的电力大数据关键技术［J］. 中国电机工程学报，2015，35（3）：503－511.
[26] 杨万清，戚欣革，栾敬钊，等. 电力大数据存储方案设计［J］. 东北电力技术，2015，36（12）：41－43.
[27] 陆进军，闪鑫，王波. 大型互联电网运行状态感知与调度辅助决策支持技术［J］. 电气应用，2015，34（S1）：630－634.
[28] 陈俐冰，何客，邱林，等. 电力客服中心用户行为分析研究与实现［J］. 计算机技术与发展，2017，27（02）：116－119，124.
[29] 徐超. 大数据智能电网用户行为特征辨识与能效评估体系研究［D］. 北京：华北电力大学，2017.

[30] 冯楠，贾大江，李燕. 电网企业数据资产监测机制研究［J］. 山西电力，2016（3）：45－49.
[31] 靳敏，刘萧. 一体化“国网云”安全防护体系设计［J］. 电力信息与通信技术，2019，17（1）：78－82.
[32] 徐家慧，寿增，殷智，等. 调控云电网模型数据管理策略［J］. 中国科技信息，2018（15）：84－86.
[33] 张凯，于庆广，王立雯，等. 面向智能电网电动汽车双向充馈电装置的设计［J］. 电气传动，2013，43（6）：44－46，76.
[34] 李瑾，杜成刚，张华. 智能电网与电动汽车双向互动技术综述［J］. 供用电，2010，27（3）：12－14.
[35] 马亦然，王雅军. 浅谈智能电表的远程抄表系统［J］. 纯碱工业，2018（3）：28－30.